美军联合作战弹药保障

白 宇 著

国防工业出版社

·北京·

内 容 简 介

本书围绕美军弹药保障领域建设、发展的现状与特点，分别从美军弹药保障概况、保障体系、保障需求分析、保障组织实施、保障未来发展趋势等几方面探究其战斗力生成关键，为深入研究美军提供参考。

本书适合教学、科研、管理机构从事弹药保障教学、研究、管理的人员，也可供军事爱好者阅读。

图书在版编目(CIP)数据

美军联合作战弹药保障/白宇著. —北京：国防工业出版社，2024.1
ISBN 978-7-118-13089-8

Ⅰ.①美… Ⅱ.①白… Ⅲ.①联合作战-弹药保障-美国 Ⅳ.①E932

中国国家版本馆 CIP 数据核字(2024)第 018497 号

※

国防工业出版社出版发行
（北京市海淀区紫竹院南路23号 邮政编码100048）
天津嘉恒印务有限公司印刷
新华书店经售

*

开本 710×1000 1/16 印张 8½ 字数 146 千字
2024年1月第1版第1次印刷 印数 1—2000 册 定价 58.00 元

（本书如有印装错误，我社负责调换）

国防书店：(010)88540777 书店传真：(010)88540776
发行业务：(010)88540717 发行传真：(010)88540762

前　言

弹药，是军队战斗力的物质基础，是决定士兵生死和战场胜负的关键，对于支撑军队有效履行使命任务具有极为重要的作用。弹药是美军战备准备的重点，美军历来十分重视弹药保障。纵观第二次世界大战以后美军实施的作战行动，基本是远离本土、越洋跨海。为了有效保障作战，弹药保障必须快速、准确、高效。为此，美军构建了上下贯通、左右衔接、超前预置的联合作战弹药保障体系，运用了信息联通、全程可视、接驳顺畅的弹药保障技术手段，组织实施了精心筹划、准确预计、持续稳定的战场弹药保障。在近几次局部战争中，美军得益于高效的弹药保障体系运转以及先进的弹药保障技术手段，在联合作战的各个阶段有效地实施了弹药保障，取得了良好的联合作战弹药保障成效。深入研究美军联合作战弹药保障的实际做法，分析掌握美军联合作战弹药保障的特点和规律、优长和不足，对加强我军未来联合作战弹药保障具有重要的借鉴和参考价值。

本书在翻译整理大量开源外文资料、参考借鉴其他相关研究成果的基础上，深入分析了美军联合作战弹药保障概念的内涵，全面总结了美军联合作战弹药保障的关键理念、基本特点和主要做法，系统梳理了美军联合作战弹药保障的几个关键问题，包括联合作战弹药保障体系架构及运行情况、联合作战弹药保障需求生成流程与方法、联合作战弹药保障各阶段组织实施以及助力弹药保障的关键技术手段。在此基础上，预测了美军联合作战弹药保障未来发展趋势。具备以下几个特点：一是内容翔实。本书全面系统地介绍了美军联合作战弹药保障诸多方面的内容，既有体系构架和运行情况，也有从需求预计开始到回撤销毁的联合作战全过程的弹药保障活动，还有助力联合作战弹药保障能够顺利运行的关键技术手段等。二是可信度高。本书信息主要来源于美国国防部、军种部等公布的第一手开源资料，美国军事院校以及智库等研究机构的研究成果，引用数据的可信度较高。三是选材新颖。本书的很多内容是近年来最新研究成果，反映了美军联合作战弹药保障理论与实践的基本事实，并对未来发展进行了预计。

本书是作者长期跟踪研究相关问题的总结。希望能起到抛砖引玉的作用，激发更多人员深入研究联合作战弹药保障问题，认识到联合作战弹药保障的复杂性与艰巨性，为研究克敌制胜的弹药保障方法提供基础支撑。在撰写本书过程中，作者参考了大量文献资料，为此感谢相关领域的专家学者。书中所有资料都来自开源信息，疏漏与不妥之处在所难免，恳请广大读者批评指正。

目 录

第一章 美军弹药保障概述 ……………………………………… 1

第一节 美军弹药保障常用术语辨析 ………………………… 1
一、弹药 …………………………………………………………… 1
二、常规弹药 ……………………………………………………… 3
三、军种自有(专用)弹药 ………………………………………… 4
四、弹药保障 ……………………………………………………… 4

第二节 美军弹药保障理念 …………………………………… 6
一、聚焦保障 ……………………………………………………… 6
二、感知与响应式保障 …………………………………………… 7
三、联合后勤体系保障 …………………………………………… 8

第三节 美军弹药保障特点 …………………………………… 9
一、着眼全球打击,搞好弹药保障顶层设计与布局 …………… 9
二、着眼任务需求,实施弹药保障力量模块化编组 …………… 10
三、着眼互联互通,积极融入全球作战信息网络保障体系 …… 10
四、着眼快速高效,实施标准化、通用化、一体化弹药保障 … 11

第二章 美军弹药保障体系 …………………………………… 13

第一节 美军联合作战弹药保障组织机构及职能 …………… 14
一、战略级弹药保障组织机构及职能 …………………………… 14
二、战役级弹药保障组织机构及职能 …………………………… 16
三、战术级(旅级)弹药保障执行机构及职能 ………………… 18

第二节 美军联合弹药保障部(分)队 ……………………… 19
一、战略级弹药保障部(分)队 ………………………………… 20
二、战役级弹药保障部(分)队 ………………………………… 20
三、战术级弹药保障部(分)队 ………………………………… 21

第三节 美军联合作战弹药保障体系运行 …………………… 22
一、联合作战弹药保障指挥体系运行 …………………………… 23

v

二、联合作战弹药保障供应体系运行 …………………………… 24
　　第四节　美军弹药保障体系评析 …………………………………… 27
　　　　一、美军弹药保障体系形成动因 ………………………………… 27
　　　　二、美军弹药保障体系 SWOT 分析 …………………………… 28

第三章　美军弹药保障需求分析 ………………………………………… 35
　　第一节　美军弹药需求分析概况 …………………………………… 35
　　　　一、美军不同层次的弹药需求分析 …………………………… 35
　　　　二、美军弹药需求分析特点 …………………………………… 36
　　　　三、美军弹药需求分析流程 …………………………………… 38
　　第二节　陆军弹药需求分析 ………………………………………… 42
　　　　一、陆军弹药需求内容 ………………………………………… 43
　　　　二、陆军弹药需求管理关键部门 ……………………………… 44
　　　　三、陆军弹药需求分析流程与方法 …………………………… 45
　　第三节　海军弹药需求分析 ………………………………………… 49
　　　　一、海军弹药需求内容 ………………………………………… 50
　　　　二、海军弹药需求管理关键部门 ……………………………… 50
　　　　三、海军弹药需求分析流程与方法 …………………………… 51
　　第四节　空军弹药需求分析 ………………………………………… 54
　　　　一、空军弹药需求内容 ………………………………………… 55
　　　　二、空军弹药需求管理关键部门 ……………………………… 56
　　　　三、空军弹药需求分析流程与方法 …………………………… 57
　　第五节　海军陆战队弹药需求分析 ………………………………… 60
　　　　一、海军陆战队弹药需求内容 ………………………………… 60
　　　　二、海军陆战队弹药需求管理关键部门 ……………………… 62
　　　　三、海军陆战队弹药需求分析流程与方法 …………………… 63
　　第六节　美军联合作战弹药需求分析流程及方法 SWOT 分析 …… 67
　　　　一、美军联合作战弹药需求分析流程及方法的优势 ………… 67
　　　　二、美军联合作战弹药需求分析流程及方法的劣势 ………… 69
　　　　三、美军联合作战弹药需求分析流程及方法面临机遇分析 … 70
　　　　四、美军联合作战弹药需求分析流程及方法面临挑战分析 … 70

第四章　美军联合作战弹药保障组织实施 …………………………… 71
　　第一节　态势塑造阶段 ……………………………………………… 71

一、弹药保障训练与保障人员资质认证 ………………… 71
　　二、弹药保障战备 ………………………………………… 72
　　三、弹药日常管理 ………………………………………… 72
　　四、弹药载荷确定 ………………………………………… 73
　　五、弹药预置预储 ………………………………………… 75
　第二节　战争慑止阶段 ……………………………………… 76
　　一、预计作战需求 ………………………………………… 76
　　二、弹药控制程序 ………………………………………… 78
　　三、弹药部署 ……………………………………………… 79
　第三节　夺取主动权阶段与主宰战场阶段 ………………… 80
　　一、弹药报告 ……………………………………………… 80
　　二、弹药申请与补给 ……………………………………… 81
　　三、战场弹药管理 ………………………………………… 84
　第四节　维持稳定阶段 ……………………………………… 85
　　一、弹药销毁 ……………………………………………… 85
　　二、弹药维修 ……………………………………………… 86
　　三、弹药监控 ……………………………………………… 87
　　四、归还缴获弹药 ………………………………………… 88
　第五节　建立民事政权阶段 ………………………………… 88
　　一、弹药逆行 ……………………………………………… 88
　　二、重新部署 ……………………………………………… 89
　第六节　美军联合作战弹药保障组织实施评述 …………… 89
　　一、美军联合作战弹药保障组织实施是一个闭环过程 … 90
　　二、联合作战弹药保障是由后勤塑造的作战问题 ……… 90
　　三、需求预计与配送是美军弹药保障组织实施的两个核心问题 … 91
　　四、大国竞争条件下弹药保障计划与实施强调灵活性、多样性 … 91

第五章　美军联合作战弹药保障关键技术手段 ……………… 93
　第一节　弹药保障信息系统 ………………………………… 93
　　一、美军弹药保障信息系统概况 ………………………… 93
　　二、美军弹药信息系统运行 ……………………………… 95
　　三、美军弹药信息系统的综合集成 ……………………… 96
　第二节　"全资可视"关键技术手段 ………………………… 97

一、条形码技术 … 98
　　二、射频技术 … 98
　第三节　弹药包装技术 … 99
　　一、标准化识别码 … 99
　　二、标准化集装化装运 … 101
　　三、新材料包装技术 … 102
　第四节　弹药运输及装卸技术 … 102
　　一、弹药运输技术 … 102
　　二、弹药装卸技术 … 104
　第五节　美军弹药保障关键技术手段SWOT分析 … 105
　　一、美军弹药保障关键技术手段优势 … 105
　　二、美军弹药保障关键技术手段劣势 … 107
　　三、美军弹药保障关键技术手段面临机遇 … 107
　　四、美军弹药保障关键技术手段面临挑战 … 108

第六章　美军弹药保障发展趋势 … 109
　第一节　智能化弹药保障 … 109
　　一、美军智能化弹药保障的基本内涵 … 109
　　二、美军智能化弹药保障的主要特点 … 111
　　三、美军智能化弹药保障的典型场景 … 112
　第二节　无人化弹药保障 … 115
　　一、美军无人化弹药保障的主要特点 … 115
　　二、美军无人化弹药保障的典型场景 … 116
　　三、美军无人化保障的发展愿景 … 118
　第三节　"感知与响应"式弹药保障 … 118
　　一、美军"感知与响应"弹药保障的基本内涵 … 118
　　二、美军"感知与响应"弹药保障的运行分析 … 119
　　三、美军"感知与响应"弹药保障的发展动态 … 120
　第四节　美军联合作战弹药保障发展趋势评述 … 121
　　一、大国竞争将推动智能化技术在保障领域快速发展与应用 … 121
　　二、制胜机理与新型作战概念相结合将引发保障机理改变 … 122
　　三、人工智能技术将推动美军弹药保障模式继续转型 … 122

参考文献 … 124

第一章　美军弹药保障概述

弹药,是各类武器装备的终端载荷,是毁伤敌方目标的直接手段,是完成作战任务的主要力量,是战争中决定士兵生死的关键装备,历来为美军所重视。美军将领曾说过"战场上士兵可以数天没有水和食物,却不能一分钟没有弹药"。研究美军弹药保障,应该对其有个大概、总体的了解,如美军弹药保障是什么,特点是什么,有什么样的理念来引导,作战中采用什么样的流程来保障等。

第一节　美军弹药保障常用术语辨析

概念是逻辑思维和逻辑判断的起点。克劳塞维茨在《战争论》中说过:"任何理论研究的第一步,就是先把那些杂乱无章的、混淆不清的名称和概念予以澄清[1]。"如果名称和概念上都达不成共识,就无法站在同一立足点理解同一事物。中美两军文化传统不同,部队组织结构不同,采用装备不同,必然导致对弹药保障领域相关概念的理解上存在偏差。但是读者看到一个概念时往往先入为主,喜欢用熟悉的概念去理解或套用美军的概念,导致时常陷入迷茫,因此有必要对美军常用概念进行一下界定,让我们在阅读之时站在同一逻辑起点。美军联合作战弹药保障相关的概念主要包括弹药、常规弹药、弹药补给等,其中大部分概念源自美军国防部指令、参联会联合出版物或陆军野战条令或技术出版物。

一、弹药

弹药在英文中有多个不同词汇表述,常常令读者迷惑这些词汇有何本质区别。一是 munition。James Bevan 在《过剩的常规弹药》[2]中定义:在通常情况下 munition 指的是军事武器、军火和装备。但同时指出,很多军队和弹药专家认为这一术语是指整发弹药。美军实际继承了这一观点,美国陆军在野战手册 FM4-30《军械行动》中定义弹药(a munition)是一个完整的装置,内部装满爆炸物、推进剂、烟火、起爆药,或者化学、生物、放射性或核物质,用于各种行动,包括拆除行动。二是与 munition 极为相近的一个词汇——ammunition。美军联合出版物 JP1-02《国防部军事相关术语词典》在释义 munition 时用 ammunition 来解释,说明在美军条令里这两个词汇是可以互用的。实际运用中,陆军的弹药更多采用 ammunition,其他军种弹药多用 munition。词典对 munitions 的复数形式 munitions,释义为军队武器、弹药以及装备,也称为爆炸性军械品(explosive ordnance)。三是 ordnance 和 explosive ordnance。这两个英文词汇也常被翻译为弹药,JP1-02 中对 ordnance 解释为爆炸物、化学物、火药以及似有类似物品,如炸弹、枪弹、曳光弹以及汽油弹等。对 explosive ordnance 定义为所有包含爆炸物、核分裂或聚合物、生物和化学药剂的弹药,包括炸弹和战斗部、制导和战术导弹、炮弹、迫击炮弹、火箭、轻小武器弹药、地雷、鱼雷和深水炸药、拆除爆炸物、烟火、集束炸弹、发射装置、电子爆破装置、临时爆破装置以及所有相似或相关的与爆炸有关的物项或部件。显然,后者的定义更接近我们通常理解的弹药概念。

值得关注的是美军使用另一种方式表述弹药——第五类补给物资(class V supply)。如前所述,弹药属于美军十类后勤补给物资中的第五类。美军在联合出版物 JP4-0《联合后勤》定义第五类补给物资是所有类别的弹药(ammunition)(包括化学、放射性和特种武器弹药)、炸弹、爆炸物、地雷、引信、引爆装置、烟火、导弹、火箭、推进剂和其他相关物项。

从以上美军对弹药的几个表述来看,第五类物资强调弹药作为补给品中的一类,涵盖范围最为宽泛,几乎包含了所有类别的弹药;explosive ordnance 强调的是引起爆炸的弹药以及各种装置,munition 和 ammunition 通用,美军更强调的是整发的弹药。

相比较,我军对弹药的定义如下:弹药是装有火炸药及其他装填物,能对目标起毁伤作用或其他用途的装置与物品。包括枪弹、炮弹、火箭弹、手榴弹、枪榴弹、地雷、航空弹药和舰艇弹药等。这个概念范畴略显模糊,没有明确核、生、化是否在弹药范畴内,而仅用含糊的其他装填物一带而过。《国防经济大辞典》定义弹药为用于目标杀伤、爆破、摧毁、纵火或照明等军事目的或非军事目的且内装火药和炸药或其他装填物的抛射或非抛射体。内装火药炸药的弹药为常规弹药,内装核燃料的弹药为核弹药。一般将常规弹药简称弹药。这个概念从弹药使用目的和装填物的角度出发,明确了我军通常意义上的弹药其实是常规弹药[3]。而韦爱勇在《常规弹药》中定义弹药为那些在金属壳内部装有发射药、炸药或其他装填物(烟火剂、照明剂、干扰剂、子弹药等),爆炸后能对目标起毁伤作用或完成其他战术作用的军械物品,包括枪弹、手榴弹、枪榴弹、炮弹、火箭弹、航空炸弹、侦察弹、巡飞弹、导弹、鱼雷、水雷、地雷、深水炸弹、爆破筒、爆破炸药等爆破器材、教练弹等,以及用于非军事目的的礼炮弹、警用弹、反恐弹药,以及民用弹药(如灭火弹、增雨弹及采集、狩猎、射击运动用弹药)。这个定义接近于美军的第五类物资定义范畴,并略大于其范畴,显示出了随着科技进步以及武器系统发展进步,弹药的范畴在不断更新、拓展[4]。

二、常规弹药

美国国防部指令 5160.65《常规弹药的单一管理者》中规定,常规弹药是一种终端物项,是一种完整的装备,装载了爆炸物、推进剂、烟火的物质构成或与进攻(包括拆除)或防御相关的起爆弹、训练用弹或仪式用弹,也包括作战无关的用弹,如教练用弹。显然,这个定义没有清楚地指明常规用弹的种类。但是海军在海军指令《军械维修管理计划》中详细地对国防部指令 5160.65 规定的常规弹药到底是什么样的弹药进行了进一步阐述:轻小武器弹药、迫击炮、自动机关枪炮、炸弹、非制导火箭、推进系统、有不同种类装填的化学弹药、地雷、爆破拆除物质、手榴弹、曳光弹,所有具有爆炸、推进、战斗部(有各类填充物,如高爆、照明、白磷、反物品、反人类)的填充物、导引头、推进器以及散装安全装置、组合物或是单独包装待发放的整发组装物,还包括相关弹药容器、包装及包装材料等。这个概念把常规弹药的范围划定得比较详细。不仅把不同类型的弹药包括进去,而且还把弹药包装也包含进去了。空军手册 21-201《弹药管理》对常规弹药定义为装填了常规爆炸物、推进剂、烟火、引爆物或生物、化学物质的装置,用于防卫或进攻,包括拆除,一些可用于训练、仪式和非作战目的。通常,常规弹药包括有毒无毒的生物爆炸物、燃烧弹、炸弹、化学喷射筒、战斗部、火箭、手榴弹、地雷、烟火等以及点火和引爆装置。显然,美国海军、空军主要是从装填物出发,排除了核或大规模杀伤性武器。除此以外,精确制导弹药也不在常规弹药的范畴之内。当然,也有其他的分类方法如 James Bevan & Adriam Wilkinson 在《过剩的常规弹药》中指出美军的常规弹药种类繁多,他把常规弹药细化成了 11 大类,包括炮弹、100mm 口径以上的迫击炮、野战炮弹(口径为 75~250mm)、坦克炮、反坦克炮、海军和岸防炮弹(口径一般为 75~130mm)、自由式火箭(非制导)、轻小武器弹药、加农炮、地雷、烟火、爆炸物和制导导弹(陆军的:从小型肩扛式反坦克导弹到大型战术导弹系统)。这个划分细致到从口径上区分一部分弹药是否为常规弹药。

我军对常规弹药概念的界定也有分歧,在《国防经济大辞典》中,葛文达认为常规弹药主要包括炮弹、炸弹、枪弹、炸药块、爆破器材、手榴弹、枪榴弹、地雷、鱼类、水雷、深水炸弹、干扰弹、导弹、火箭弹、装填各种装填物(生物、化学、高爆炸药和惰性物)的战斗部、模拟核弹药及训练用弹等,也包括非军事目的的礼炮弹、警用弹以及射击运动和狩猎用弹。显然,他的分类种类太宽泛,除去核弹以外的弹药基本都包含在内了。但这也反映了部分人的观点,即核以外的弹药就是常规弹药。而韦爱勇在《常规弹药》一书中将用于军事目的的常规弹药定义为枪弹、炮弹、火箭弹、反坦克导弹、制导弹药、防空反导弹药等,并把弹药按装填物分类为常规弹药、生物弹药、化学弹药和核弹药。实际上,平时或战时,我军并不常用常规弹药这一概念,使用更多的是"通用弹药"这一概念。我军对通用弹药定义为两个以上军兵种均可使用的弹药,如枪弹、炮弹、火箭弹、手榴弹等[5]。随着时代的发展,这个定义已经不能准确反映通用弹药的真实范畴。但与美军的常规弹药在某种程度上指的是一回事,即美军的常规弹药相当于我军所说的通用弹药。

三、军种自有(专用)弹药

美军在国防部指令《常规弹药专职负责制:常规弹药专职负责者、军种及特种作战司令部的职责》里把军种自有(专用)弹药作为一种名词术语单列出来解释。相对于常规弹药,美军把其称为军种自有弹药,即不在常规弹药之列,由各军种进行自我管理的弹药。包括制导弹药、火箭和导弹,鱼雷,水雷,深水发射装置、核弹,包括其战斗部、发射装置与拆除装置和核训练弹药以及相关的包装等。显然,美军的军种专用弹药主要包括制导弹药尤其是精确制导弹药和核弹。

我军对专用弹药定义如下:专供某一军兵种使用的弹药,如潜射鱼雷。但是这个定义显然和美军的定义不对等,反而是我军对精确制导武器的定义类似于美军军种自有弹药的定义:采用精确制导技术,直接命中概率较高的武器,如各类导弹以及制导炸弹、制导炮弹以及制导鱼雷等。

四、弹药保障

美军使用弹药保障(munitions support)这一概念有其历史脉络。1998年,陆军野战手册FM9-6的标题即为"战区作战的弹药保障",定义了弹药保障任务、保障部队、保障环境等。但是,这一手册废止后,于2003年更名为FM4-30.1

第一章 美军弹药保障概述

《战区作战的弹药配送》,用配送一词代替了保障;而2014年4月出版的陆军野战手册FM4-30《军械行动》中提到弹药保障是一个复杂而相互关联的过程,包括计划、需求确定、筹措、采购、储存、维修、质量评估、运输、逆行、爆炸安全以及处理等活动。有效的弹药保障还包括弹药保障组织机构和人员。同时,该手册还认为弹药保障是一种补给职能,与提供其他补给品一样为部队提供第五类补给品,只不过第五类补给品提供给部队的是杀伤力,而且由于其数量有限、需求迫切以及运输和存储要求特殊,使后勤计划和操作人员面临更大的挑战。但是,其后在2014年9月陆军技术出版物ATP4-35《弹药行动与配送技术》中除使用弹药保障体系(munitions support system)这一概念,指出弹药保障要求保障部门与被保障部队之间合力完成补给过程外,又不再使用弹药保障概念,更多使用的是第五类物资补给或弹药补给(munitions supply)的概念。从美军出版物来看,弹药保障、弹药补给以及弹药配送这几个概念之间有其必然关联。首先,我们可以从美军联合出版物JP4-0《联合后勤》中找出其中关系的依据。《联合后勤》指出后勤有七项核心职能,包括部署与配送、补给、维修、后勤勤务、作战合同保障、工程和卫生勤务。对应弹药保障,主要包括弹药的部署与配送以及战场弹药补给。其次,陆军技术出版物ATP4-35《弹药行动与配送技术》中指出弹药补给行动的四个核心行动包括需求预计、提出申请、弹药配送和弹药逆行,可以看出弹药补给任务实际上也包含了弹药配送行动。近年来,美军越来越多地强调弹药配送(munitions distribution)这一概念,指出弹药配送是战场弹药保障的中心环节以及最终目的。它包括弹药的接收、准备/重新配置/包装、运输、初始分发和弹药的再补给行动,以及对这些行动的管理。基本的弹药配送从美国大陆(CONUS)的工业基地开始,粘有国防部识别码(DODIC)的集装箱装载弹药或散装弹药船被运送到战区弹药补给所,接受重新配置和/或分发。由配送的概念可以看出,美军的弹药配送是一个从工业基地到前线伞兵坑的过程,既包含了运输行为,也包含了对弹药包装的处理行为。保障执行机构包括运输部门、战区内的弹药保障库所以及部队野战弹药库所等。因而,弹药补给和弹药配送这两个概念你中有我,我中有你。最后,综合上述,作者认为,美军的弹药保障概念具有狭义和广义之分。狭义上弹药保障概念主要指战场上的弹药补给,其主要内容包括弹药需求预计(消耗预计)、保障方案计划拟制、保障方式方法选择,以及弹药的申请、补充、配送、逆行等;广义上的概念还应包括保障体系的构建以及保障力量编成与部署、保障技术手段应用等,其目标就是在正确的时间将正确品种和数量的第五类物资配送到作战人员手中。

第二节 美军弹药保障理念

一、聚焦保障

聚焦保障理念来源于20世纪90年代的海湾战争,并对其后作战和后勤理念都产生了深远的影响。1996年,美军出台《2010联合构想》,提出了"聚焦后勤"的概念,并将其定义为融信息与运输技术于一体,对联合部队实施快速、准确、持续、高效保障的后勤。较之传统后勤,聚焦后勤强调"直达运输"和"分离式"保障,即以快速运输代替前沿大量库存,以配送为基础的补给代替逐级申请的补给。实现这一快速机动的基础是能够时刻跟踪人员、物资的运输方向;在保障力量编组上,聚焦后勤突出发展模块化的、特别编组的战斗勤务支援部队。2001年,美军又推出《2020联合构想》,对"聚焦后勤"的概念进行修正,即聚焦后勤是在正确的时间、正确的地点,配送正确品种和数量的补给品到作战人员手中。这一概念不但对其后的联合作战弹药保障理念产生了极大的影响,对在弹药保障领域采用的保障手段、操作流程等方面也起到了巨大提升作用。美国陆军提出的弹药配送目标就沿用了聚焦后勤的概念,即在正确的时间把正确数量和型号的弹药送到正确的地点。美军为实现快速、准确的配送,以第五类物资——弹药为试点进行了可视化建设,在外包装上使用射频标签,应用运输追踪信息系统,跟踪在储、在运、在处理的弹药,掌握了数量、品种、状态等信息,驱逐了战争迷雾,实现了聚焦后勤的保障目标;同时,在弹药保障力量编组上也采取了模块化的编组方式。作为聚焦后勤这一理念的延续和发展,原美军陆军装备司令部小威廉G.T.塔特尔上将在2005年出版的《21世纪国防后勤学》[6]一书中创新性提出"兵力投送"是国防后勤的组成部分,与聚焦后勤的概念在某种程度上相互辉映。他通过研究美军在伊拉克和阿富汗军事行动中后勤保障的实践,对美军后勤的现状与发展进行了全面、系统、深入的考察(其中弹药保障是重点考察领域),他强调为了减少后勤摊子,本土或战区配送中心应专门为特定用户单位提供经组合的后勤配套物资;他还强调为了持续保障,需要对后勤知识的"持续"和"共享",确保所有后勤活动的参与者能够对保障进程的要素、需求等有一个不断更新的共同画面,即共同态势图。他的理念在美军弹药保障的条令条例以及实践中得到应用与验证——美军的弹药包装根据战斗性质配置成六大类载荷,这些配套载荷可在直保后勤单位进行直接装卸或交叉转接,大大缩短了保障时间和降低了人员使用需求,使战斗空间内的后勤摊子最小化;通过把不同弹药信息系统综合集成,作战指挥员和弹药管理人员、作战部队与保障部队共享弹药保障态势。聚焦保障理念在美军弹药保障实践中已成为当前现实。

二、感知与响应式保障

"感知与响应后勤"是美军转型司令部在2004年发布的概念文件。即实时感知后勤需求和在规定时间内对需求做出达到指挥官要求的反应,是对"聚焦后勤"的进一步完善。这一理论来源于IBM公司的Steve Haeckel提出的概念,"作为大型企业面对日益不确定性、快速和不连贯的变化时的管理框架"。伊拉克战争以后,美军开始总结后勤经验教训,提出了"感知与响应"这个全新的后勤理论。该理论追求适应网络中心战,通过把供应链转变成需求网络,为战斗支援提供极大变换能力,强调灵活性与适应性,而不是传统后勤的计划性。美军各军种也开始进行了理论研究,其中空军委托兰德公司进行了相关研究,Robert S. Tripp等专家发表了《感知与响应后勤:结合预计、响应和控制能力》的研究报告。该报告跟踪了空军在感知与响应后勤领域的进展以及面临的挑战,设计了有效系统的关键需求,即一个能感知战场变化以及对实际需求做出快速响应的体系。指出关键技术应用包括射频技术和软件智能体(soft agent)和基于agent的建模。海军陆战队也对该理论进行了研究,Ingram上尉发表了题为《感知与响应后勤:未来陆战队作战勤务保障》的论文,通过对后勤理论演变的阐述,提出感知与响应后勤运用具有鲁棒性的信息技术和高度灵活的运输系统来克服在日益演变的战场环境中面临的困难。同时也提出必须运用agent技术来实现,即复杂的软件密码可以评估任务以及运用从传感器或人员处获得的态势数据来决定从什么地方获得什么样的补给品。从弹药保障来看,"感知与响应"后勤理论代表的是现阶段弹药保障的目标以及未来阶段弹药保障发展的趋势。在美军作战理论不断推陈出新的状态下,如陆军推出"多域战"、海军推出"分布式作战",DARPA提出"马赛克战争",这些作战理论并没有与之配套的保障理论跟进,但通过对"感知与响应"后勤理论进行分析,可以发现其在21世纪初就为未来后勤发展趋势进行了超前预判和定调,很多理论要点同样适用于未来智能化战场,如以网络为中心的保障、去中心化、基于预计的保障、快速实现决策优势等。从某种程度上来说,感知与响应式保障代表了弹药保障未来发展趋势。

三、联合后勤体系保障

联合后勤体系理念于 21 世纪的第二个十年推出,并于 2013 年参联会推出的《联合后勤》中正式作为条例中的概念下发全军。联合后勤体系中 Enterprise 本意是指企业,美军认为,技术的快速发展使战争的节奏加快,杀伤力增强,保障的复杂程度加大。然而军队自身资源有限、供给链复杂,难以满足联合作战的需求。采用地方先进的商业流程和直接送达的方法,可提高保障效益。美军以企业的标准化操作管理军队后勤的思路由来已久。早在第一次海湾战争以后,就提出借鉴地方商业公司的最佳商业操作。伊拉克战争后开始后勤转型,美军又提出"以部队为中心的后勤企业"概念,其实质就是参照和借鉴地方商业公司的先进管理理念和操作规范对部队后勤实施管理,从而达到后勤转型、大幅提升效率和效益的目的。

联合后勤体是一个多层次矩阵结构的全球保障体系,既包括各军种、各战区司令部、联合任务部队、国防后勤局、美军运输司令部以及联合参谋部中的作战部(J-3)、后勤部(J-4),又包括政府部门和机构、非政府组织和工商业合作伙伴。在弹药保障领域,同样也涉及多部门、多领域的机构同时进行运转才能完成弹药保障这个宏大工程。弹药从国内运输到战区需要工业部门、军种、美国运输司令部商业合作伙伴以及战区的协力合作,完成生产、订购、运输、管理、分配等多个环节和过程,才能完成由工厂到伞兵坑的过程。

联合后勤体保障理论还在发展变化之中,2015 年 9 月美军又发布了《联合后勤概念》2.0 版,又提出了全球一体化后勤(globally integrated logistics)的理念,是基于组织完备的联合后勤体去实现全球范围内的高效保障。2019 年,美军再次更新联合后勤概念,指出其通过矩阵式的全球保障结构提供全球范围内的全面端对端能力,在一定时间和范围内对在全球范围内军事力量提供保护和支持,能够给己方提供多种选择而给敌方带来困境,体现美军的相对优势。并把国际合作伙伴和国际组织机构也加入这个体系当中,体现了美军要依赖全球后勤资源进行战时保障,以打赢下一场战争的思路,这和美军《印太战略》中的联合伙伴国共同对抗某些大国的想法不谋而合。在弹药保障领域,美军沿印太地区三个岛链部署了很多前沿基地以及海上预置,在盟国建有大量弹药库,并在迪戈加西亚群岛部署 B-2 轰炸机,与此配套,其弹药保障必然以预置(岛上、海上)为主,与关岛基地协同,一南一北在战时发挥巨大作用。同时,联合后勤体系保障从技术实施和保障模式上借鉴了感知与响应式保障中的某些方式,依托网络信息系统连接的矩阵联合体以点对点的模式进行保障,横向流动越来越普遍运用,使军种间就近相互支援成为可能。依赖联合后勤体系进行保障是代表美军当前和未来弹药保障的一种思路和模式。

第三节 美军弹药保障特点

一、着眼全球打击,搞好弹药保障顶层设计与布局

美军是一支全球作战的军队,其战略目标多年以来一直围绕在全球打赢两场战争做准备。从冷战开始,经多年努力,美军逐渐构建了一个以军事基地为核心的全球作战和保障网络,为可能在全球出现的军事行动提供支持,基地遍布全球。作为美军保障设计布局中极为重要的一环,弹药保障的顶层设计和布局一直为美军所重视。一是全面构建三级弹药保障体系。美军的弹药保障体系按照作战可划分为战略、战役、战术三个层级,各层级上下联通,左右支援。陆军主管全军常规弹药保障,各军种保障自身专用弹药。美国运输司令部负责战略运输和投送。各层级都设有与之对应的保障机构,提供有效保障。战略级的联合弹药保障司令部为所有军种提供常规弹药,并派驻保障人员去战区解决技术问题;运输司令部作为战略级联勤机构,负责弹药的远程投送,保障弹药及时进入战区。战役级的战区持续保障司令部、远征持续保障司令部和持续保障旅等机构为战区地面部队提供弹药保障以及依照协议为其他军种或多国部队提供弹药保障。战术级的模块化的弹药保障部队根据作战需要提供快速准确的伴随保障。二是全面构建全球弹药储备布局。经过多年建设布局,美军各战区弹药储备不仅数量充足,一般能够保障30天的战争进程;而且弹种多样,搭配齐全,既有常规弹药,又有性能先进的各型精确制导导弹。美军在全球主要有两种类型弹药储备:陆上弹药库储备和海上浮动预置储备。美军在世界主要的战略要点与海上咽喉地区建有军事基地,配有各型弹药库;海上浮动预置通过游弋在各大洋的装满弹药物资的大中型滚装船完成,其装载能力可以供两个陆战旅成建制的全部装备和满足30天作战的物资。各军种都拥有装满弹药器材等物资的大型海上战略预置船,平时游弋在各大洋,一有战事,随时赶来支援。美军的弹药布局不仅点线结合,而且多层配置。以印太战区为例,仅在西太平洋地区就有三个层次的弹药储备。第一层次一线部队弹药库主要包括驻韩、驻日美军军事基地内的大型弹药库,可满足驻日、驻韩美军的弹药需求;第

二层次前进基地大型的弹药库包括以关岛为核心的第二岛链上的大型弹药库,负责为整个太平洋地区美军提供弹药;第三层次为驻夏威夷美军的大型弹药库,可随时向战区输送弹药。

二、着眼任务需求,实施弹药保障力量模块化编组

人员是影响弹药保障效能的重要因素。弹药的敏感性对于弹药保障人员的专业性提出了很高的要求。美军通过设立专职的弹药保障部队,模块化编组为战场弹药保障提供了有力支撑。一是弹药保障力量构成专职化。美军设有专职的弹药保障部队,主要由经过专业培训和严格资质认证的士官担任,专业性强,保障效率高。一般一个模块化弹药军械连可以保障一个师。驻韩美军的全部弹药仅由5个模块化弹药连管理。除了在保障部队中设有专职的弹药部队,作战部队也设有专职弹药保障分队,旅战斗队的ATHP分队负责弹药伴随保障,编制仅12人,运作着弹药转运待运站(相当于我军合成旅野战仓库),主要工作是快速接收弹药并发放给作战部队。二是弹药保障力量编组模块化。在保障力量的编组上,美军认为,现代战争作战形态的改变要求后勤保障具有极大的灵敏性,部队应废除条块划分、功能单一的编组模式,实现按任务、能力和需要的模块化编组,按照作战需求分期分批部署到联合作战区域。伊拉克战争以后,美军对包括弹药保障部队在内的整个保障部队都进行了模块化改造。标准化的弹药保障部队包括弹药保障连以及弹药保障排,模块化弹药连一般下设3~5个模块化弹药保障排,在战区提供模块化的弹药保障作业,主要任务是接收、配置、检查、管理、发放、运送以及回撤弹药。根据任务需求,可以把这些模块化的弹药保障部队任意编组使用,采用标准化的"积木组合式"编制形式,被抽组保障部队既有来自于本土的,也有来自战区的,从而使弹药保障朝着高效灵活的方向发展。

三、着眼互联互通,积极融入全球作战信息网络保障体系

美军注重信息化管理装备物资,各军种广泛采用弹药保障信息系统管理弹药,弹药保障信息系统功能多样,可以查询库存、管理弹药需求、排定保障次序并进行弹药需求预计等,对于加速弹药的申请与审批流程,减少人为失误起到重要作用。但是,弹药保障信息系统型号过多导致了互联互通等问题出现。近年来,美军根据"一个网络、一个图像、任何用户、通用服务"的信息系统建设目标要求,采取措施解决军种内部系统之间、国防部系统之间、作战与保障系统之

间的信息融合问题。一是实现军种内部弹药保障信息系统之间的互联互通。各军种都建有功能不同的弹药保障系统和与之相关的信息系统。如陆军有标准陆军弹药系统能够对陆军库存弹药信息进行报告，全弹药管理信息系统（TAMIS）能够进行需求预计和管理，全球报告系统能够进行历史纪录查询，全资可视系统进行在运、在储、在处理弹药查询。陆军已实现这些系统之间的互联互通互操作，使弹药信息能在本军种、本级、作战部队和保障部队之间迅速准确地流转。二是建立权威共享的弹药大数据库。美国国防部数十年来致力于在国防部范围内建立一个单一、权威的弹药数据共享来源。2012年，美国国防部建立了名为"国家弹药能力"的大数据库，接收来自各军种及其他渠道的数据，实现了整个国防部范围内弹药数据的综合集成和共享，并为类似于全球作战保障系统的决策辅助系统提供弹药数据。三是实现弹药保障数据与作战数据的融合共享。为使保障数据能与作战数据充分融合，美军开发了全球作战保障系统，该系统是总部实施后勤指挥的重要手段，是作战指挥系统的分系统。由于美军后勤机关与作战机关在筹划与指挥上紧密耦合，所有后勤数据融入作战保障系统便可实现保障数据与作战及情报数据的一体化融合，从而改善和加速决策进程。据此，美军只要将所有弹药信息系统整合到全球作战保障系统中，所有经核准用户就能够实现实时数据共享，联合层次的后勤管理人员能够从全局出发，把握弹药保障情况，联合作战指挥官可通过共同态势来进行保障优先排序和资源分配。当前，美军正在利用新技术加速推进该项工作，届时，作战和保障人员将共享"一片云""一幅图"。

四、着眼快速高效，实施标准化、通用化、一体化弹药保障

从20世纪90年代海湾战争以来，美军瞄准保障的效率与效益，其战场保障目标是在正确的时间把正确数量和品种的装备物资配送到正确的地点。这种以配送为基础的保障在保障手段上需要通过提供一整套零部件、专用工具和设备等解决装备存在的具体问题，从而使部队在某些具体环节得到提高，主要体现在包装、装卸、运输三个环节上。一是标识、包装标准化。首先是弹药标识标准化。美军规定在弹药上、包装箱上或容器上必须涂有标准化的弹药标识，包括颜色、数字、批次标识，主要以国防部标识码和国防部弹药标识码为主，并规定了新的军用编码标准，这些编码标识数据也储存在专门的信息系统便于进行查询。其次是外包装标准化。美军规定，除大型导弹和火箭弹外，其他弹药全部要组装成托盘。将外包装采用标准的集装式包装，有利于托盘化机械系

操作，能够最大程度地减少前线部队的相关操作和再包装行动，减少战时来回拆卸各种包装箱、重新打包。最后是采用标准化弹药载荷。不同载荷表示的是不同作战条件下的弹药配置包装，美军用载荷标准化了建制部队的弹药成套化包装，变"计量"保障为"计件"保障，大大提高了作业效率。二是专用工具、设备通用化。美军弹药物资装运虽然已经实现托盘化、集装化，但装卸弹药的平台有多种。平台系统太多导致交通节点要么不断转换不同型号装载工具，要么转换集装箱包装，而且各个节点维护设施的人力成本和处理难度增大，扩大了后勤摊子。为此，美军加大了通用一体化物资处理系统的建设力度，整合弹药装卸系统型号，目前陆军主要采用托盘装卸系统和装载处理系统。实践表明，型号通用化以来，弹药保障的响应速度更快，部署能力更加有效，更加适应战场节奏，减少了因型号繁多带来的工作冗余，减少了因弹药保障人员过长时间暴露在战场而带来的防卫需求。三是配送管理一体化。美军指定美国运输司令部为配送进程的管理者，管理和调动空中、海上、陆上交通运输体系，并普及了运输可视化系统，能够监控在运途中弹药的信息，根据作战需要一体化配送，解决了配送过程中的轻重缓急问题。

第二章　美军弹药保障体系

体系是指若干有关事物互相联系、互相制约而构成的系统集成。美军的弹药保障体系是个复杂的巨系统,从宏观上来看,包括从军种需求提出、国会拨款到科研、生产、采购直至保障的全寿命过程,涉及储、供、保等作战的主要环节、主要过程。从保障构成要素来看,包括物资(即弹药)、保障人员(即保障机构和人员)、信息(即指挥控制)以及这三者之间的运行关系。具体来说,包括:弹药在哪里,怎样流动;保障机构和保障力量如何高效运行,完成保障任务;指挥机构如何对弹药进行快速准确的调控。图2-1显示了美军弹药保障体系构架及运行情况,其中进入战区作战保障是联合作战弹药保障人员关注的环节。

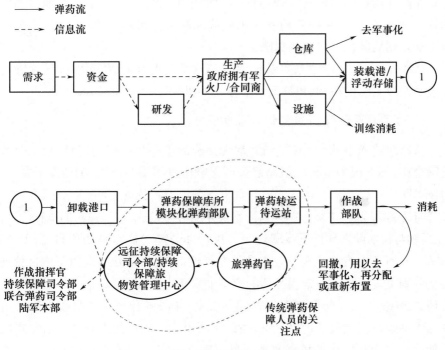

图2-1　美军弹药保障体系架构及运行

第一节 美军联合作战弹药保障组织机构及职能

按照战争的三个层次,美军把弹药保障组织机构划分成战略、战役、战术三个层次。但是需要指出的是美军三个弹药保障层级之间并没有严格的界限,甚至界限越来越模糊。有些军种条令里逐渐淡化甚至去除战争三个层级,如空军在最新版弹药管理手册中已不提战争的三个层级。但无论如何,当前弹药保障领域还是具有明显层级特征,尤其是地面部队。美军弹药保障组织机构主要包括各个层级的司令部门、参谋、技术人员等。弹药保障在这些战争层级中由保障机构与被保障机构协力完成。保障体系中每一个实体,都是保障过程的参与者,在整个保障过程中都深度参与,而且每个相关方的行为最终都能影响到战场上的战士能否有效完成作战任务。

一、战略级弹药保障组织机构及职能

美军战略级的弹药保障机构是指那些能够从国家工业基地或战略级开始计划保障弹药行动的机构。弹药保障行动从国防部与国家工业基地协调弹药的研发和生产开始,并把弹药从本土向战区配送。也就是说,这些机构提供从本土开始到战区港口之间的保障。

从美军军政、军令系统在战略级分离这个角度来看,战略级弹药保障机构既涉及军政系统的机构,也涉及军令系统的机构。

(一)军政系统弹药组织机构及职能

从军政这条线来看,陆军作为常规弹药的单一管理机构,与国家工业基地紧密合作,其下很多机构在战略级弹药保障中发挥重要作用:①陆军采办、后勤与技术助理部长(ASA(AL&T))。负责部队武器系统的采购、发展、交付、支援、部署与持续保障,其中就包括弹药。不仅如此,作为三军常规弹药的执行代理,采办、后勤与技术助理部长下设联合项目执行办公室武器与弹药项目处(JPEO-A&A),负责所有常规弹药的全寿命采办管理工作,项目处下设四个项目管理办公室分别负责不同类型常规弹药的全寿命管理工作,包括近距离作战系统项目管理办公室、机动弹药系统项目管理办公室、作战弹药系统项目管理办公室以及陶氏炮弹系统项目管理办公室;还设有两个联合项目的主管办公室包括联合军种项目主管办公室和联合产品项目主管办公室。②陆军装备司令部。作为首要装备物资战备的提供者,美国陆军装备司令部是国防部常规弹药的执行代

理。陆军装备司令部管理着军械仓库、兵工厂、军火制作车间以及其他设备,为陆军地面和海上的预置点提供军火。③联合弹药和致命性武器寿命周期管理司令部。该司令部管理国防部内所有常规弹药的研发、生产、储存、配送以及销毁。其主要目标就是向部队交付最好的弹药以满足作战指挥官的需求。④联合弹药司令部。该司令部是陆军装备司令部的下属司令部,管理着各军种常规弹药的生产、储存、发放和去军事化。且作为国防部常规弹药的野战运转机构为所有军事部门、某些非国防部的客户以及其他美国机构和盟国提供常规弹药保障,提供作战指挥官及其参谋们关于现有弹药库存的精确信息;运转着国家范围内的常规弹药设施,且能为部队提供野战伴随保障。⑤陆军持续保障司令部。该司令部对陆军和联合部队进行持续保障,在弹药保障方面主要维护和记录弹药补给所的弹药库存,包括全球范围内战略级陆地和海上库存。⑥陆军武器研发与工程中心。该中心是陆军主要的研发机构、技术发展机构以及弹药系统的全寿命保障机构。⑦国防弹药中心。该中心是国防部内弹药专业培训、爆炸物安全、后勤工程以及弹药保障设施点的运转评估部门。

在军种部,各军种参谋部(尤其是负责作战、计划与后勤机构)以及某些下属大司令部及其下属机构在弹药保障中发挥着重要作用。①陆军:陆军作战、计划与训练副参谋长(DCS)G-3/5/7办公室下设的弹药管理办公室,职责是决定支持战略、战役或作战所必需的战略弹药需求。作战副参谋长(G-3)确保为部队提供其作战所需的弹药,就如何使用弹药资源提出建议、提出部队弹药使用优先顺序以及持续保障需求。(DCS)G-3/5/7也是陆军预置储存品(APS)的发放主管,协调弹药资源战略,协调政策,监督陆军武器训练计划,并与陆军参谋人员一起监督弹药生产厂家的战备准备情况。陆军后勤副参谋长(DCS)(G-4)是弹药计划、项目和政策的主管。负责战略弹药补给需求的计划、政策和规划,协调弹药库存和装备的申请、采购和储存,以及维护修理的记录。陆军项目副参谋长(DCS)G-8负责弹药项目和预算需求。②海军作战部长(CNO)提供对作战部队的军种总部级的弹药管理职能。海军作战部舰队战备和后勤副部长(N4)制定第五类弹药(航空)的后勤和物资保障政策;海军供应系统司令部(NAVSUPSYSCOM)负责弹药的储存、管理以及执行保障;海军作战后勤保障中心(NOLC)是供应系统司令部下属机构,负责对所有海军弹药提供库存控制点(ICP)①级别的管理。此外,海军还有几个位于本土、有大型弹药

---

① 国防部范围内供应组织机构,主要职能是进行对某一军种或整个国防部提供物资管理。

仓库的港口被运输司令部作为战略级运输装载码头使用,负责对海军舰船进行紧急行动下弹药装载。③空军参谋部后勤部(A4)下属核武器、导弹和弹药处主管弹药政策,是空军常规弹药的领导者,落实空军的弹药需求政策;计划部(A5)下属兵力运用处是空军常规空空、空地弹药需求的主管参谋部门;空军装备司令部(AFMC)通过空军全寿命管理中心建立空军全球弹药控制点(GACP);空装下属空军后勤保障综合中心(ALC)接收、收集和分析来自部队和大司令部报告中弹药缺陷以及其他存在的问题,分析历史数据等;空军全寿命管理中心弹药处下辖全球弹药控制点,负责海上预置和空军标准弹药包装等,位于罗宾斯空军基地的全球弹药控制点启用空优导弹行动组快速应对危机、紧急情况下或战争中的弹药保障。④陆战队:陆战队司令部中各分管副司令,如作战开发和一体化副司令(DCCDI)负责弹药需求,设施和后勤副司令(DC I&L)负责地面弹药管理政策,航空司令部协助海军作战部舰队战备和后勤副部长(N4)建立陆战队航空弹药的采办和部署政策,陆战队系统司令部负责陆战队系统研发和采办,其下弹药项目经理执行不同地面弹药研发采办职能,负责陆战队地面弹药的全寿命管理。

(二)军令系统弹药保障组织机构及职能

如前所述,美军的军令体系中,战区陆军后勤部(G-4)通常由作战指挥官根据《美国法典》第 10 章规定对战区内所有地面部队进行弹药保障。后勤部(G-4)通常设有弹药组,设有 1 名主弹药官、1 名弹药准尉以及 1 名弹药士官。当战区联合参谋部的后勤部(J-4)设立联合弹药办公室时,来自各军种的弹药以及后勤计划人员,与军种部门、职能部门、下属司令部、军种采办部门、国防部采办、后勤与技术副部长一起计划、协调和监督各个阶段战场行动中部队弹药保障的落实情况。

二、战役级弹药保障组织机构及职能

在战役层次,美军强调弹药的接收、集结、前送以及合成(reception, staging, onward and integration, RSOI)过程,战略层级被发送的弹药通过这一过程在战区接收港口被推进到战术层次的作战后勤机构中。

(一)作战部队弹药保障组织机构及职能

作战部队指的是进行战斗的部队,还包括这些部队自带的保障部(分)队。作战部队弹药保障机构主要涉及战役级作战部队中直属的具备弹药保障职能的相关机构,这些机构在管理弹药需求、支援保障方面发挥着重要作用。

1. 各级作战部队司令部中的参谋(G-3或S-3)

美军战区被保障部队司令部中的参谋(G-3或S-3)的重要职能之一就是确定弹药的作战需求。作战参谋(G-3或S-3)与后勤参谋(G-4/S-4)、火力官、火力支援参谋以及其他参谋一起进行任务分析、历史趋势评估以及弹药需求补给速率计算,而且要根据作战进程和收集到的历史数据不断评估和调整弹药再补给的数量。另一项重要职能是排定保障优先次序。根据任务的需求来建立配送优先次序,与后勤参谋(G-4/S-4)以及工程军官合作,确定补给的路线及区域。

2. 各级作战部队司令部中的后勤参谋(G-4或S-4)

被保障部队司令部中的后勤参谋(G-4或S-4)根据作战参谋(G-3或S-3)确定作战需求和保障优先次序,协调本级和下级机构之间的弹药保障,管理着弹药的配送并根据作战参谋(G-3或S-3)确定的作战优先来规划保障优先。同时也要保证弹药能被及时登记并确保补给安全、工具充足。

(二)持续保障机构中弹药保障组织机构及其职能

美军的战役级后勤行动主要由战区内的持续保障机构及其配属的部队来实施。包括战区持续保障司令部、远征持续保障司令部以及持续保障旅。

1. 战区持续保障司令部

战区持续保障司令部隶属于战区陆军军种组成司令部(相当于我军战区陆军),由陆军军种组成司令部的助理参谋长领导,为战区陆军或联合部队司令官或地区作战司令官提供保障。由一个标准化的本部和模块化的下属部队组成,对其区域内所有营以上保障组织实施任务式指挥。保障行动组计划弹药补给行动,监控和管理战区内弹药的储存和配送。通过下设的远征持续保障司令部或持续保障旅执行弹药保障行动。下设配送管理中心,该中心的弹药部门协调着具体的弹药保障行动。该中心还设有配送部门,与弹药部门协调行动,弹药部门对整个弹药行动实施监督,与各部门协调,审批军师级的弹药需求,发布弹药运输命令;配送部门负责跟踪责任区内所有在运弹药,与交通组协调提供运输工具满足作战需求,配送部门配有1名弹药官和1名弹药士官。

2. 远征持续保障司令部

远征持续保障司令部的组成与职能和战区持续保障司令部类似,只不过规模更小,并靠前部署。

3. 持续保障旅

持续保障旅通常由拆分和合编过去的军保障大队及师保障部组成,具有规模小、功能全、部署快的特点,与旅战斗队一起,为联合战役部队提供一体化补给与勤务[7]。它执行战区持续保障司令部赋予的任务:负责战场开辟、战区配送和对所有类别补给品的配送;就弹药保障行动而言,指挥、控制和计划弹药行动;通过与被保障的作战旅以及自身下属作战持续保障营之间的日常交互,管理战术级别的弹药。

三、战术级(旅级)弹药保障执行机构及职能

这一级别主要是作战部队中涉及弹药保障组织协调的某些关键岗位。

(一)陆军战术级弹药保障执行机构

经过调整重塑后,旅成为美国陆军最大建制作战单位[8]。在这一级别,有不同类型的部队,包括装甲旅、斯特瑞支旅、步兵旅、野战炮兵旅、航空旅以及多域特遣部队,需要不同类型的弹药能力和保障。这些部队配属的保障营带有建制弹药保障力量。旅和营的参谋具有弹药报告和计划的职能,且旅保障营还有专用资产提供保障。在作战旅这一级别,负责执行弹药保障的设置如下。

1. 旅弹药官

美国陆军作战旅级部队设有旅弹药官一职,设在保障营中的保障作战科中,该职位在战场弹药管理和保障中发挥着重要作用,既是作战部队弹药需求申请的综合者,也是作战部队和保障部队的沟通桥梁。他提供全旅范围内对弹药集中的、自动化的指挥、控制、计划、准备和保障行动执行;管理着弹药转运待运站(ATHP),并与旅作战参谋和后勤参谋保持紧密联系;负责汇总本旅和附属部队所有弹药需求,与保障部队联系,协调旅作战区域内所有部队的弹药补给行动;预计作战需求,保持弹药资产登记,向保障旅报告弹药短缺情况;跟踪旅战斗队作战区域内弹药资产可视性,指挥弹药的存储、运输和监控弹药安全性;验证并处理部队的弹药需求;等等。总之,旅弹药官作为旅的首要弹药参谋,处理着作战区域内与弹药相关的一切事务。

2. 旅和旅保障营作战参谋(S-3)

旅以下作战部队的作战参谋(S-3)由主炮手协助确定弹药需求。旅作战参谋(S-3)的主要职责包括:根据下属营和即将面临的战术任务来确定弹药需求;旅以下部队中火力支援军官作为特业参谋与作战参谋(S-3)协调决定野战炮兵的弹药需求;营作战参谋(S-3)的弹药职能包括为下属部队确定弹药作战

载荷,操作弹药信息系统记录,监督下级部队进行弹药管理,以及向旅指挥部提交弹药需求以及弹药保障报告等。

3. 旅和旅保障营后勤参谋(S-4)

汇总并将每日弹药需求提交给旅弹药官;将汇总过的部队弹药需求提交给旅弹药官;给下属营提供弹药的控制补给速率(消耗限额)。

4. 保障行动官(SPO)

与保障旅战斗保障支援营协调弹药物资管理;维持旅战斗队内的弹药资产可视性;协调交通工具保障弹药运输;维持弹药在作战视图中的可视性,就补给过程中发生的超出弹药限额以及某支部队优先事项指示旅弹药官;给旅弹药官提供需求预计的变动情况和预计到的关键弹药短缺情况。

(二)海军战术级弹药保障执行机构

海军的舰队部队通常被编成任务部队,任务部队指挥官通过舰队后勤协调员、任务部队后勤协调员与任务大队后勤协调员协调部队的海上补给。

(三)空军战术级弹药保障执行机构

对于空军来说,战术级的弹药保障包括在机场和基地级别的弹药部队对弹药/导弹系统进行直接的保障或其他作战保障或者是作战行动中的持续保障。在这一层级,弹药保障由机场部队来执行以完成军事目标。

这一级别中,联队/设施/中心的指挥官都会任命弹药会计系统官(MASO)(相当于陆军的旅弹药官),主要负责所有空军作战弹药系统管理下的弹药资产会计责任。

第二节　美军联合弹药保障部(分)队

弹药保障力量体系从宏观上讲比较宽泛,包括从事装备保障活动的人员、装备、设施、器材、信息等数量、质量及其有机组合[9]。狭义上是指能够为弹药保障提供人力、物力和技术支撑的各种力量,现役以及预备役部队中的弹药保障部(分)队是部队实施弹药保障的主体,他们以及其他战场保障人员构成了联合作战弹药保障力量体系的支撑。这些弹药保障力量运用可在不同战争层级间转换,不同层级之间的任务衔接、协同关系等直接影响弹药保障效能。

弹药保障部(分)队是弹药保障力量中能够执行战场弹药保障的人员力量。因此,就美军联合作战弹药保障部(分)队结构,本书主要关注层级机构、军种结构和编组结构。部(分)队层级机构按照作战层级结构也划分为战略、战役、战术三个层级,不同层级之间的任务衔接、协同关系等直接影响弹药保障效能;军种结构即陆、海、空和陆战队的弹药保障部(分)队结构,主要讨论军种弹药保障部(分)队在不同层级的配置;部(分)队编组结构讨论不同保障实体的编组方式,其主要类型可大致包括专职的弹药保障部队和弹药保障库所。

一、战略级弹药保障部(分)队

陆军野战保障旅/陆军野战保障营(AFSB)是作为战略级机构陆军持续保障司令部配属的部队。在战区作战中,陆军野战保障旅/陆军野战保障营通常会位于持续保障司令部和远征持续保障司令部的作战控制之下,在这种情况下它可以被视为战役级的保障力量。其主要职能是提供一体化的采办和技术支援,它能够快速部署弹药保障队协调从卸载港口到弹药补给所的弹药卸载行动。除此以外,它还在弹药维修、监测、去军事化、运输、爆炸物安全、补给和会计责任等方面提供专业援助。

二、战役级弹药保障部(分)队

构建模块化的弹药保障部(分)队是美军21世纪部队以及2010年后陆军的主要弹药保障模式[10]。美军战役级弹药保障部(分)队主要包括模块化的弹药保障部(分)队以及各战区战役级仓库的弹药保障力量;对于地面部队来说,还包括保障旅配属的模块化弹药保障部队以及战区内的弹药补给所。

(一)保障旅配属模块化弹药部队

1. 战斗保障支援营(CSSB)和军械营(弹药)

模块化保障部队的基本构件是标准的战斗保障支援营。美军在2006年成立了84个战斗保障支援营,其中48个隶属于国民警卫队。这些营配属于持续保障旅,如果被赋予弹药保障任务,就会设立保障设施点,提供基于地域的弹药保障。战斗保障支援营(CSSB)为旅以上部队提供保障,对其保障地域内的师和旅本部提供保障。与持续保障旅参谋人员协作,为联合部队、美国政府机构和多国部队提供弹药保障。

2. 模块化弹药连

模块化弹药连是美国陆军模块化弹药部队的基本构件,配属于军械(弹药)营或是战斗保障支援营。某些情况下,可以直接配属到战区持续保障司令部、远征持续保障司令部或是保障旅。通常部署在卸载港口,也可以部署在任何有需要的地点,提供模块化的弹药作业行动,一般一个模块化弹药军械连可以保障一个师。编制通常包括1个带司令部的排和3个模块化弹药排,根据任务需要可以扩展到5个排。每个模块化弹药排使用托盘化装卸系统来接收、配置、发放、运输弹药。模块化弹药军械连还辖有模块化弹药全地形集装箱处理(RTCH)增强分队,该分队拥有全地形集装箱处理设备,可根据需要进行力量扩充。为了运转战区内的弹药补给所,需要一个或多个全地形集装箱装卸增强分队。除了旅以上级别的部队,模块化弹药军械连还根据需要向旅保障营提供第五类物资保障。美军的模块化弹药连具有高效的弹药管理经验,如驻韩美军的全部弹药仅由第八军下辖的1个模块化弹药营和3个模块化弹药连管理。

3. 模块化弹药军械排

模块化弹药军械排的主要任务是弹药的接收、配置、检查、管理、发放、运送以及回撤。弹药排基本编制构成包括排长、弹药准尉、弹药士官长、弹药检验官、弹药储存控制士官。

(二)弹药补给所

弹药补给所是保障旅以上级别部队的主要弹药保障库所,它提供战区配送或是为部署在附近的旅战斗队提供保障。弹药补给所为战术级的弹药转运待运站(ATHP)以及为没有设立弹药转运待运站的部队提供保障。弹药补给所接收、储存、发放以及维持1~3天的弹药补给,以满足被保障部队的常规以及紧急需求。弹药补给所存量水平和规模是可变的,主要基于战术计划、可用的弹药及设施、再补给行动所受的威胁程度以及其他作战变量。弹药补给所可由一个或多个模块化弹药排运转。补给所的规模、弹药库存和所需工作量,决定了运转弹药补给所的模块化弹药排数量。

三、战术级弹药保障部(分)队

战术级的后勤保障力量包括建制伴随保障力量和支持军事行动运转的作战保障机构,由于这一级别的保障力量伴随部队,因此在作战保障中发挥着重要作用。

(一)陆军战术级弹药保障部(分)队

1. 弹药转运待运站(ATHP)和ATHP分队

弹药转运待运站(即旅野战弹药库)属于弹药保障库所中的一类,是临时性的弹药保障机构,其建立目的是快速从旅以上弹药储存点接收各种类型弹药并将弹药运送到旅内各部队。弹药转运待运站由ATHP分队设立并运转,ATHP

分队是直属于作战部队的弹药保障分队,隶属于作战旅保障营下的配送连,编制13人,包括弹药监控准尉1人、弹药库存管理士官2人、不同等级的弹药专业士官7人、一等兵3人,负责为本旅所有部队提供弹药。ATHP 分队从保障部队设立的弹药补给所接收弹药,然后分配给作战部队。

2. 配送排

配送排隶属于作战部队机动营下属靠前保障连,直接为作战部队运输弹药。靠前保障连为机动营提供直接保障,每个靠前保障连为各种类型的机动营提供其弹药保障,靠前保障连配送排有弹药/第五类物资小组,由弹药士官组成,负责执行作战过程中的弹药补充(配送弹药)任务。

(二)海军及海军陆战队战术级弹药保障部(分)队

1. 海军部队弹药保障部(分)队

海军远征后勤保障部队把海军现役和预备役动员力量结合在一起,为联合作战部队提供远征后勤能力。海军远征后勤保障部队中设有海军货物处理连(NCHB)和海军军械报告与处理连。在装卸载码头保障弹药行动时,海军货物处理连主要卸载包括弹药的各类物资,军械报告与处理连提供海军弹药(包括陆战队航空弹药)的记录。

2. 陆战队部队弹药保障部(分)队

海军陆战队后勤大队作战全般后勤保障团下设有弹药连,为陆战队陆空特遣队提供弹药保障。弹药连拥有建制运输能力,能够计划、协调和监督第五类物资的补给并根据被保障对象的规模调整自身结构。海军陆战队航空后勤中队是海军陆战队战术级别的后勤保障机构,为飞行中队提供直接的航空弹药保障,并提供中继级的弹药/武器支援,在部署的条件下,航空后勤中队军械特遣队维持和运转弹药补给所或战区储存区域。

(三)空军战术级弹药保障部(分)队

空军部队中有专职弹药部队,称为弹药中队。弹药中队配备各类器材、弹药信息系统对弹药进行扫描、登记、检查、装卸、维修等工作。除了弹药中队还编有弹药小队、弹药维修中队、维修行动中队和弹药保障中队,也负责弹药技术准备与维修等工作。

第三节 美军联合作战弹药保障体系运行

美军在长期的弹药保障实践中,已经形成完备的弹药保障体系。该体系中有顺畅高效的弹药保障指挥链路和供应链路。

一、联合作战弹药保障指挥体系运行

美军联合作战弹药保障指挥体系运行包括三方面内容：一是组织体系中的指控机构对联合作战各阶段主要弹药保障行动的筹划与计划；二是各级指挥机构对弹药进行分级调控；三是在作战过程中主要指控机构通过信息系统下达指令，对下属部队的弹药需求和申请进行回应，并指挥弹药补给行动的过程。

(一)弹药保障筹划与计划

美军联合作战弹药指挥主要通过战区联合参谋部中后勤部(J-4)负责联合作战弹药保障的筹划、计划、执行，并通过其设立的联合弹药办公室协调和控制。陆军由于自身特点在弹药保障中肩负职责较多，负责港口开辟、战区开辟、战区内配送，战区指挥官可根据《美国法典》的规定要求陆军作为牵头军种和代理执行通用弹药保障，根据协议为联合部队或多国部队、政府机构等提供弹药保障，指示战区持续保障司令部执行后勤指挥与控制，包括弹药的指挥与控制[11]。战区海军编号舰队设有后勤助理参谋长一职，同时也兼任后勤战备中心主任。通过后勤战备中心与其他保障参谋以及保障司令部协调，进行海军专用弹药保障。空军远征特遣部队参谋部的后勤、工程与部队保护参谋长(A4)负责弹药的计划、配送和管理。

(二)弹药保障分级调控

弹药到达战区以后，各军种都会根据自身利益强调自身弹药使用的重要性，如果缺乏有效调控机制将会导致各军种各自为政，引发保障混乱。为此，美军通过分级调控的运行方式对战区弹药保障行动进行协调。首先，在美军军令体系中，战区联合参谋部的后勤部(J-4)可以根据作战指挥官的命令成立联合弹药办公室来计划、协调和监督各个阶段战场行动中部队弹药保障的落实情况。联合弹药办公室汇集来自各军种的弹药与后勤计划人员，他们与来自职能司令部、军种采办部门以及国防部负责采办与保障的副部长的代表一起来计划、协调和监控联合作战所有阶段对部队的弹药保障情况。他们要基于联合需求程序和参联会主席的战备系统进行弹药报告，其中最为关键的涉及库存紧缺的、能对敌方关键目标实施有效打击的联合关键弹药(包括精确制导弹药和其他库存有限但对执行目标打击任务至关重要的弹药)报告。这样，可以根据联合作战需要,从最高军事层面对关键稀缺弹药的优先使用排定次序,根据各军种需求程度进行先后补给。其次,战区作战指挥官通常会指定一个保障部门(通常为陆军的持续保障司令部)作为战区联勤司令部或牵头军种,并通过作战部门制定优先保障次序,避免发生混乱。最后,战区司令部的作战指挥官通常通过战区陆军后勤部(G-4)来协调弹药行动,通过《美国法典》第10章的有关规定以及陆军对其他军种的支援规定对战区内所有地面部队进行弹药保障。由于陆军在弹药保障中的关键地位,尤其是负责常规弹药保障,因此,战区指挥官通常指定战区陆军下属的战区持续保障司令部来执行具体弹药保障行动,战区持续保障司令部既有计划协调机构来制定弹药保障的计划,也有配属的模块化弹药保障部队来具体执行弹药保障任务。

(三)弹药指控信息流转

各级弹药指挥通过弹药信息系统进行弹药申请与审批。陆军通过全弹药信息系统进行弹药需求申请,管理者通过该系统进行保障优先排序,通过标准陆军弹药系统进行库存查询和登记、统计工作;海军通过军械系统完成信息流转;空军各大司令部的弹药职能官通过向空军作战司令部/后勤部的空军弹药指挥与控制共享点的管理人员提交备忘录,获准访问空军弹药指挥与控制的网址,并通过该网址的弹药情况/事故通知模板来报告弹药出现的情况或发生的事故。

二、联合作战弹药保障供应体系运行

美军弹药保障供应关系反映了各级各类弹药保障实体与各参战部队之间,以及各级各类弹药保障实体之间的相互关系。理顺弹药保障供应链路是高效组织联合作战弹药保障的前提。

(一)常规弹药与陆军专用弹药的供应

作为美军战略级的联勤机构,国防后勤局担负着10类物资中绝大部分物资的联勤保障职能,但唯独不负责常规弹药的供应与保障。历史上,陆军拥有大部分国有军火厂,为各军种提供常规弹药的生产、采购、储存与运输等工作。20世纪80年代,国防部为节约资金、提高效率,指定陆军为全军常规弹药的单一管理机构,把其他军种生产常规弹药的军火厂也划归陆军所有。至此,陆军成为全军常规弹药的弹药管理者,在常规弹药保障中发挥着极为重要的作用。陆军采办、后勤与技术助理部长被指定为常规弹药的执行代理,通过联合项目执行办公室武器与弹药处(JPEO – A&A)负责所有常规弹药的全寿命采办管理工作,能够确保采购准确品种和数量的弹药并将其置于保障体系中,为所有军种服务。弹药项目执行办公室既要向陆军采办、后勤与技术助理部长报告工作,也要向陆军装备司令部报告工作。陆军装备司令部是陆军装备发展、采办支持和后勤力量规划、部队维持的首要提供部门,下设10个二级司令部,联合弹药司令部就是其中之一,负责管理所有军种常规弹药的制造、储存、分发和销毁处置,确保能够在正确的时间和地点向作战部队提供正确数量和品种的弹药。对于战略级的常规弹药,2002年以前,美军采取的是根据各军种需求提报拉动式的弹药供应模式。2002年开始,根据陆军参谋长的建议采取推动式的集中弹药供应制度。具体是将美国本土划区管理,划分为西北、东北、中西、西南、东南5个区,由联合弹药司令部向分管区弹药储供点运送弹药,并确保适当的弹药储存量,各军种则提供相应保障[12]。

美国陆军不仅是常规弹药保障的责任人,且通常作为地面部队的主要责任人肩负联合作战地面部队供应保障任务。

美军常规弹药和地面部队弹药保障供应依靠战争的三个层级中所有保障机构和被保障机构协同完成。在常规弹药保障中,弹药可通过海运或空运的方式由国家工业基地直接发向战区。平时,陆军的战略级仓库中储存了各军种的常规弹药,由陆军装备司令部及其下属联合弹药司令部负责将仓库中的弹药向战区发出。弹药到达战区港口后,战区持续保障司令部负责接收弹药,储存在各级弹药补给所,并通过其保障力量将弹药向前推送至前方弹药补给所或作战部队的弹药转运待运站。常规弹药及地面部队弹药供应概览图如图2 – 2所示。

(二)军种专用弹药的供应

根据《美国法典》第10章的规定,各军种负责对自己的部队进行训练、装备及保障。因此,专用弹药的筹措和保障等任务主要由军种负责。军种专用弹药即军种自有的弹药,如海军的鱼水雷、反舰导弹,空军的空空导弹等精确制导弹药通常由私营承包商即类似于雷声、波音等军火公司生产制造,战时可通过紧急合同签订的方式增加供应量,并由承包商派遣维修人员随队保障。通常情况下,接收到作战命令后,军种将筹措的第五类物资运送至战区以及作战区域,以满足战区作战指挥官和联合部队指挥官的需求。军种组成部队的指挥官必须依靠军种保有的库存进行部队初始的伴随保障。各军种都有专职弹药保障力量对自身专用弹药进行伴随保障。

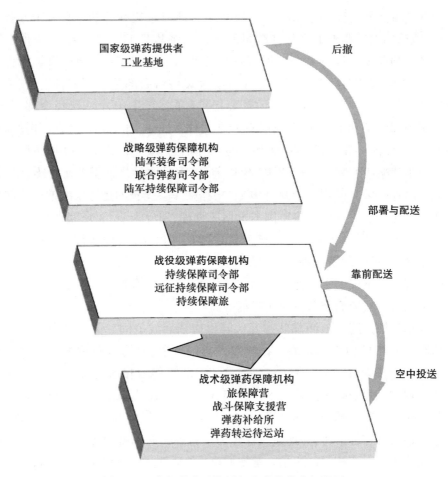

图 2-2　常规弹药及地面部队弹药供应概览图

1. 海军弹药供应

海军弹药补给主要由海军供应司令部下属弹药司令部来负责,各舰队根据自己所处的区域向全球 8 个弹药司令部(即 8 个弹药补给中心,美国本土 6 个,日本 1 个,关岛 1 个)提出申请,海军弹药司令部接收申请后,对作战舰只以及后勤补给船进行弹药供应和补给。海军供应司令部的后勤管理专家使用海军军械信息系统对弹药进行调拨。

2. 空军弹药供应

空军专用弹药的主要供应单位是位于希尔空军基地和罗宾斯空军基地的被称为全球弹药控制所的供应点。它执行的是弹药补给链管理。通过空军补给链和运用全资可视化技术与指挥控制体系中的共同态势图来保障作战。全球弹药控制所把批发(仓库级)和零售(基地级)级别的弹药管理结合在一起,并负责监控过程、资源以及技术,最终将弹药发送到作战人员手中。

第四节　美军弹药保障体系评析

美军目前形成的这种联合作战弹药保障体系有其背后动因,虽然经历多次战争检验,但其体系并非完美无缺,需要辩证看待,未来能否应对大国竞争考验,需要以发展眼光审视。

一、美军弹药保障体系形成动因

美军弹药保障体系的形成与发展与其战略特点和战略要求、战争制胜机理以及联合作战指挥体制运行机制密切相关。

(一)全球性战略决定了美军弹药保障体系的全球架构

自19世纪末开始,美国经济开始与世界紧密相连,其战略呈逐渐扩张趋势,尤其在马汉提出"海权论"之后,美国的国防战略由地区性加速向世界性转变。两次世界大战更是为美国成为全球霸主奠定了基础,其政治、经济利益与整个世界紧密相连。世界性的利益也深刻改变了美国的国防观念,决定着美国军事力量必须为其提供全球性的军事保护。因此,几十年来美国从不以其国界来确定国家利益,其国家安全战略和军事战略都是全球性的,要求美军具有全球作战能力,即在全球任何地区突然爆发的军事行动中速战速决,赢得战争并以最小的代价完成任务。然而,美军的战场通常是在远离本土的海外,需要越洋跨海,在时间上就已经落后对手,其保障体系必然不能仅依赖本土,紧密与盟国合作,建立基于全球的保障体系是其必然选择。美军的弹药保障体系也充分反映了美军全球性战略和军队建设这一特点,美军与世界上数十个国家和地区签订了多边和双边军事条约,在30多个国家和地区设有1200处军事基地和设施,弹药在这些军事设施和弹药库中进行预置预储,为其作战奠定基础。

(二)战争制胜机理塑造了美军弹药保障体系的结构功能

美军认为后勤是作战的重要组成部分,在《2010联合构想》中提出的作战概念就包括了"聚焦后勤"这样一个保障概念,由此可见其战争的制胜机理同样适用于保障领域。战争制胜机理有很多,从某种程度上来说,"以整胜散""以快制慢"的制胜机理塑造了当前美军弹药保障体系的结构功能。论"以整胜散",美军能够综合调动全面的战争资源,建立合理力量结构并充分利用战争资源取得胜利。美军形成了国内工业部门到战区作战弹药全寿命保障体系过程。动员国内工业部门、运输力量、军队保障人员、盟国合作伙伴等多种保障力量,形成了保障合力,使其体系运行保持高效。论"以快制慢",正如前美国空军上校博伊德提出的OODA循环理论,即"侦-控-打-评"循环流程,两军对垒,优势的一方可以在敌人的OODA环内迅速完成自己的OODA环,做到比敌人快就能占据优势。对于领先对手,"快"的追求使美军在弹药保障体系建设方面也秉持了这样的理念和原则。无论是动、定结合的预置预储体系还是与全球运输体系紧密结合的上下贯通的三级保障体系运行还是力量体系中灵活机动的模块化弹药保障部队,都是为适应速决制胜的作战目标做好准备。

(三)联合作战指挥体制决定了弹药保障体系指控运行方式

美军联合作战指挥体制中一个显著特点是采用集权与分权以及协调控制方式来实现指挥与控制的统一与灵活。所谓集权,是把战区或战场的最高指挥权集中于负责战区或战场的作战指挥官及其指挥机构,集中统一地制定作战计划。所谓分权,主要体现在联合指挥机构上级对下级以及对作战部队采取任务式指挥的方式。美军多采用建立协调机构通过作战命令、计划、协同等方式实现控制。对于弹药保障,集权的主要体现:一是美军后勤计划机构与作战计划机构紧密耦合,作战部门(J-3)与后勤部门(J-4)紧密协调,作战部门负责计算需求,后勤部门负责制订计划和程序等。二是在较高层次,如参联会或战区联合参谋部的后勤部(J-4)内建立联合弹药办公室来实现对全军或全战区关键性弹药的计划调控。分权体现在各军种专用弹药保障由自身完成,战场的弹药保障也是对模块化部队实施任务式指挥完成。至于弹药保障控制,战区会通过建立一些临时性的委员会或协调控制小组等联合机构,集合各军种计划人员,实现对弹药保障的协同以及调剂功能。

二、美军弹药保障体系SWOT分析

美军联合作战弹药保障体系经过精心设计,历经多次战争磨砺,体现出了对战争的适应性、不断的发展变化性,但也存在一些弱点,可以加以利用,并避免重蹈覆辙。在大国竞争以及新兴技术不断发展变化背景之下,美军弹药保障体系的发展变化面临着机遇及挑战。表2-1是美军弹药保障体系SWOT分析基本情况。

表 2-1 美军弹药保障体系 SWOT 分析

体系优势(Strengths)	体系劣势(Weaknesses)
(1)设计理念超前； (2)保障模式合理； (3)保障层级上下贯通； (4)作战部队与保障部队信息交互左右衔接	(1)军种联勤制约保障能力； (2)战区缺乏统一后勤机构制约战场保障效率； (3)全球预置预储耗资巨大，易成为对手的靶子
机遇(Opportunities)	挑战(Threats)
(1)技术创新的支撑； (2)作战理论创新的支撑	(1)全球战略带来持续压力； (2)大国竞争带来的挑战； (3)保障模式转型带来的挑战

(一)保障体系优势分析

1. 设计理念超前

前美国国家事务助理布热津斯基曾说过"美国的全球力量是通过一个明显由美国设计的全球体系来发挥的,它反映了美国国内经验"[13]。对于全球作战后勤保障关键一环的弹药保障,美军将其建设与军事力量建设融为一体,在弹药保障体系方面,尤其是预置预储体系设计方面呈现出超前性、缜密性、高效性等特征。一是冷战时期,弹药保障在全球布势,建立了动定结合的弹药预置预储体系。美军利用结盟关系,在全球战略要地修建大规模的弹药保障库所用于储存弹药,又在海上建立海上浮动保障体系,对于快速反应、及时保障起到关键作用,并在海湾和伊拉克战争中都发挥了重要作用。二是大国竞争时期,紧跟新型作战概念指引,提出前卫保障理念。在"多域作战"等作战概念指引下,美军更是提出建立海上分布式浮动基地的构想,以及分布式补给的蛛网保障理念,其保障体系设计既反映了战略布局谋划,又紧跟技术发展以及未来作战模式进行调整。

2. 保障模式合理

美军弹药保障采用统分结合的方式,这种保障模式既适应其规模结构,又具有灵活性。一方面由陆军对常规弹药(通用弹药)进行统一保障,完成对常规弹药的计划、研发、生产、采购、储存、分发、维修以及销毁等行动,并专门指定陆军装备司令部下设的联合弹药司令部负责常规弹药的管理、生产、存储、配送以及销毁等工作。由于权责明确,没有造成各个军种自我生产、采购、管理带来的冗余,陆军根据各军种提报的需求,能够及时组织运力将常规弹药从自身仓库推向军种的弹药仓库。陆军作为常规弹药的单一管理者,提供的不仅是仓库保管的工作,而且是对常规弹药的全寿命管理,掌握着资金、技术、保障力量等,不仅提供常规弹药平时的管理,还提供战时战场常规弹药的保障。责权利明确,没有在战时发生推诿扯皮的事情,较好地保障了近几场局部战争。美军采用统分结合的弹药保障体制究其原因是自身规模较大,各军种专业技术性较强,都具有自身独特使用某些型号的弹药,如果所有弹药采用统管方式,势必造成统管单位疲于应对,战场弹药保障效能直接下降。另一方面,美军采用由军种对其专用弹药进行保障的策略,其专用弹药,主要是精确制导弹药,由于其技术的复杂性以及某些型号的独有特征,需要军种自身完成全寿命保障,这样既能够提高保障效能,又能发挥自身优势。总之,对于美军这样规模较大的军队,统分结合的保障方式既能去除保障冗余,又能发挥军种优势。

3. 战略、战役、战术三个层级上下贯通

弹药保障的最终目标是在正确的时间将正确数量和品种的弹药送到正确的地点,交付到使用者手中。想要达到这个目标并不容易,美军的作战通常发生在远隔重洋的海外,运送弹药需要跨海越洋。按照战争的三个层级,弹药保障也分为战略(通常在本土)、战役(战区)和战术(作战部队)三个层次,弹药等装备物资能否从本土及时地推向作战部队成为制约战争进程和结果的重要因素。美军设立美国军事运输司令部,战时将各军种的运输力量整合在一起,通过战略空运、战略海运把弹药等物资从国内快速投送战区,再通过战区弹药补给所把弹药推送到作战部队手中,由统一的运输机构掌握全军运输资源在全球范围内输送弹药,贯穿战略、战役、战术三个战争层级,使弹药能够快速从本土流动到战区再到作战部队。

4. 作战部队与保障部队信息交互左右衔接

美军没有设立专职的联勤保障部队,而是由陆军在战区设立战区持续保障司令部对战区内部队进行保障,既可以保障陆军部队,也可以根据协议保障其他军种部队以及盟军部队。对于弹药申请和补充的信息交互,战区内的作战部队可通过通信网络与保障部队进行通信联络,通过弹药信息系统与保障机构建立联系,提交弹药申请,作战部队与保障部队通过共同使用的弹药保障信息系统来完成弹药申请和批复。由于使用弹药保障信息系统,作战部队与保障部队信息交互渠道畅通、衔接顺畅,弹药保障快速便捷。

(二)保障体系劣势分析

1. 军种联勤模式制约弹药保障能力

美军的常规弹药由陆军进行保障,然而20世纪90年代以来,美国陆军不断改革转型,缩减员额,目标是更加快速、机动,其结果导致陆军规模不断被压缩。在陆军整体力量被压缩的前提下,作为尾巴的保障机构也面临大幅度被压缩的命运,对弹药保障产生负面影响。一是弹药工业能力被削弱。陆军装备部管理下弹药基地首当其冲受到冲击,弹药生产基地和仓库被大幅削减,剩下基地由于员额削减也处于疏于管理的状态,严重制约着弹药应急生产和供应能力。二是专业知识和技能不断丧失。陆军在缩小自身规模的同时,受到员额的限制,不得不裁撤专业军士,使得弹药保障的专业人才不断流失。为弥补专业人才流失带来的损失,陆军把很多本土和海外弹药补给点外包,这一过程中军方的某些专业技能也在逐渐丧失,而战场上弹药保障对专业技能要求非常高,专业人才和专业技能的丧失使战术和战役级别的弹药保障经常出现类似需求预计计算错误等工作上的失误,需要其他部门资深技术专家协助工作,制约了战场保障效率。三是没有发挥战略级联勤机构国防后勤局统保的作用。国防后勤局管理着10类补给物资中除弹药以外的9类物资,管理着全军80%以上的通用物资。国防后勤局是美军作战后勤保障单位,负责在全球部署保障力量,在全球及本土基地布设了众多的保障点,形成了保障网,拥有后勤信息服务中心,能够为作战人员、各军种、国防部和国际伙伴提供互操作的集成后勤数据,并且战争实践表明其保障效果显著。应该说,国防后勤局作为一个战略级的保障机构具备着更好的联勤保障条件,有能力管理好全军的常规弹药,为各军种提供更好的联勤保障。然而美军却由于种种原因没有把常规弹药划归国防后勤局管理,从某种意义上来说,没有发挥联勤机构统保的作用,采用军种联勤模式制约了弹药保障能力。

2. 战区缺乏统一后勤指挥机构制约战场弹药保障效率

美军战区缺乏统一的后勤指挥机构(虽然战区后勤部门(J-4)对战区后勤有计划协调的职能),后勤保障(包括弹药保障)并未实现完全意义上的联合,由此也带来一些问题。一是由于战区缺乏统一的后勤指挥机构,战时易导致混乱。如美军战区的常规弹药管理由陆军管理,但由于缺乏可视性,空军曾申请将1400万磅的爆炸物运送至一个只有200万磅吞吐能力的港口,显然,陆军缺乏全面可视化管理能力才导致发生这样的问题。美军在战区管理弹药的实践中发现,出现的是军种问题,然而往往要上升到联合层面才能解决问题。二是战区缺乏一个统一的后勤指挥控制机构,导致其他保障机构各行其是。战区保障司令部、美国运输司令部的联合配送管理中心等机构都在发挥各自的作用。有时各个机构都在做重复的事情,竞争着有限的资源和设施,浪费了人力物力,最后往往需要战区后勤部(J-4)的协调才能统筹行动。以上情况表明,美军在战役层级需要一个统一的后勤指挥机构进行弹药指挥控制。美军学界呼吁在战役层次应指定一个机构作为战区后勤指挥控制机构,陆军的战区持续保障司令部实际上有能力也有实际操作经验,战时,美军战区可指定其为三军的后勤司令部,对三军后勤进行指挥控制。

3. 弹药保障全球预置预储耗资巨大,易成为对手的靶子

美军的全球战略决定了弹药需要全球预置预储,助力作战的同时,也面临多重挑战。一是耗资巨大。其平时维护费用巨大,消耗了大量军费,销毁时需拉回本土,还要增加额外的运费以及人力、物力支撑。更遑论海上预置,其费用相当于陆上预置费用4倍以上,且每30个月需回到本土进行检查,更换不符合质量标准的弹药,耗资巨大。二是现代战争前方、后方全面透明的情况下,靠前配置的弹药库易成为对手靶子,极大地增加了作战风险。美军一线部队弹药库配置离对手太近,一线部队的大型弹药库基本都在敌方近程导弹射程范围内,易成为敌方重点攻击目标,一旦被攻击,将引发连锁反应。由于高端对手反介入/区域拒止能力的发展,前进基地的弹药库也成为对方中远程弹道导弹的囊中之物,战时极有可能受到攻击。三是海上预置舰战时补给难度大,费效比不高。预置舰卸载要求高,并不能够直接进行海上补给,而是需要卸载方案,包括接驳装置、直升机吊运、栈桥以及类似第二次世界大战诺曼底登陆时的人工港,不论采用哪一种方案都会增加卸载难度,且卸载过程中也极易受到敌人的攻击。此外,在高端对手大力发展反舰导弹的前提下,海上浮动预置一旦被敌方探测并锁定也将难逃厄运。综上所述,美军的弹药全球预置在过去几十年非对称条件下能赢得先机,但在大国竞争条件下,尤其是高端对手反介入/区域拒止能力不断增强情况下,其弹药预置预储的效费比不断下降,很有可能成为战时被敌方首要打击目标而蒙受损失。

(三)未来机遇分析

1. 新兴技术发展给弹药保障体系转型带来技术支撑

任何体系都不是一成不变的,而是处于一个不断发展变化的动态过程中。外界环境因素是影响体系结构的一个重大动因。其中,技术的发展对体系的影响巨大,尤其是颠覆性技术带来的是质的改变,不仅能改变战争形态,在改变战争形态的同时,也改变保障形态,改变指挥结构、保障结构,由此导致整个作战体系和保障体系的改变。

2. 新型作战概念发展给弹药保障体系转型带来理论支撑

新型作战概念的提出针对的是大国竞争背景之下的高端战争,在这个背景

之下，美军面对的是中国和俄罗斯这样的大国，已不可能像过去一样享有全面的战场优势。通过技术甩开敌人，而自己不造成任何损失几乎不可能做到。美军认为，如何在遭受打击后，比敌人更快恢复能力才是重点。为此，各军种开始盘点各自能力不足，推出应对策略。首先是海军针对水面舰艇反舰能力不足的问题，于2014年提出"分布式杀伤"的作战概念，其内涵是增加单舰的进攻和防御能力，在广阔的海域以分散的编队部署，生成分布式火力，实现兵力分散状态下的火力集中。其次，美国陆军于2016年10月，为响应前国防部副部长沃克关于开发"空地一体战2.0"的号召，在陆军年会上提出了"多域战"的概念，后更名为"多域作战"，随后，美国国防高级研究计划局（DARPA）吸收了"分布式杀伤"和"多域作战"概念的核心理念。于2017年8月首次提出"马赛克战"概念，旨在借鉴马赛克拼图功能简单、能快速拼接等特点，利用人工智能、目标识别等关键技术，灵活组合大量低成本传感器、指挥控制节点、武器平台，将陆、海、空、天、网各种传感器、平台以及弹药系统以多种方式链接在一起，组成一个类似马赛克的自适应的拼图系统，从而形成动态、协同、高度自主的作战体系。不难看出，不管是分布式杀伤、多域作战还是马赛克战，其制胜策略都是通过在多域分布式并行作战，去中心化，使敌人无法通过打击某一节点而破坏整体效能，正如第三次抵消战略中所期望的"让对手处于多重困境"。这些新型概念的深入推进，对美军弹药保障体系也将产生极大影响。这些新型作战概念将颠覆传统分级保障模式，采用分布式多点保障甚至在多域进行保障，保障力量编组也会随之发生变化，无人化保障、有人/无人混编将逐渐取代当前保障编组模式。虽然目前还不能看到保障体系产生质的突变，但是新型作战概念的提出势必给保障体系的变化发展提供理论支撑。

（四）发展挑战分析

1. 全球战略给弹药保障体系带来持续压力

美军的全球战略给弹药保障带来巨大压力，由于全球作战，需要在全球主要战略要地和基地部署和预置大量弹药，带来了经济压力、外交压力、安全压力和环保压力。弹药保障体系在新时期能否维持现有规模水平，依赖于美国经济发展和其盟国对其的支持度。如果不能改变全球战略，这些压力和挑战将持续存在，给美国的国家安全和国民经济带来沉重的负担，也给现有弹药保障体系的有效运行带来不确定性。

2. 大国竞争加剧给弹药保障体系带来新的压力

随着大国竞争加剧，美军联合作战弹药保障体系也面临着诸多挑战，如果不能及时应对,将给未来作战带来负面影响。主要包括两方面挑战:一是传统领域弹药保障体系结构的挑战。各国都在研发射程更远、速度更快的弹药,尤其在精确制导弹药方面,美军认为目前其国内的产量还远不够应对未来高烈度战争。此外,核领域弹药投入也在不断攀升,也带来巨大竞争压力,弹药储备结构将发生改变,传统的常规弹药已然不能满足应对大国高端战争的需要,需要不断研发新型弹药并调整弹药保障体系的结构和规模。二是新兴技术发展给弹药保障体系带来的挑战。人工智能、量子科技、下一代通信技术、生物科技、新材料、新工艺、定向能、新型核技术等新兴技术的加速发展与创造性融合,将推动作战向无人化、远程化、仿生化、集群化等方向发展。作战形态的改变必然也会导致保障形态的改变。从结构适用功能的角度来说,整个保障体系必然受到新兴技术带来的影响,其体系结构将发生形变,对于保障组织体系机构、力量编组模式以及保障的方法手段等方面都能产生剧烈而深远影响,弹药保障体系也将面临新变革带来的压力。

3. 弹药保障体系快速转型压力较大

从弹药保障体系转型来看,机械化战争时代,美军通过钢山铁海式的前沿预置及大批量运输弹药到战区,以数量规模形成保障优势,保障层级多,反应速度慢;信息化战争,保障体系通过适时、适地、适量的预置预储以及靠前配送形成速度效益型的保障优势,保障体系预置预储规模适度,与配送体系紧密结合,形成"战略投送三驾马车"(即战略空运、战略海运以及战略预置)。美军当前的作战保障就是采取以预置预储以及靠前配送,辅以少量无人系统投送。如在阿富汗以及伊拉克等地形条件复杂的地区采用无人机投送弹药物资。未来,随着人工智能技术不断取得突破,智能化战争将成为主要战争模式,无人作战将成为智能化战争的基本形态,美军将形成质量效能型的保障优势。美军的保障模式势必快速转型跟进,保障体系也会随之转型发生变化。尤其对于高端战争的竞争对手来说,谁先探索到更有效的保障模式,谁能根据战争模式进行保障模式的快速转变,谁就能在战争中占有先机。但从目前来看,美军的后勤保障(包括弹药保障),受后勤建设周期长、摊子大的客观规律影响,转型速度较慢,相对于其不断提出的新型作战概念,如"多域作战""分布式作战"来说,与之相适应的保障体系转型面临着时间压力、巨大的挑战和风险。

第三章 美军弹药保障需求分析

弹药需求预计是联合作战弹药保障活动的开端,也是最具有战争迷雾色彩的一项活动。从历史纪录来看历次战争,精准的弹药需求分析一直是联合作战的难点问题之一,弹药需求预计一直困扰着军事计划人员。美军一直在探索破除战争迷雾,从流程、方法着手,依靠工具、模型、算法不断提升需求预计的精确度。

第一节 美军弹药需求分析概况

美军联合作战弹药保障需求分析是一个庞大的系统工程,蕴含各种因素。从需求分析覆盖时间来看,既涉及当前战争需要又筹划未来作战需求,从涉及机构来看,涉及军政、军令两大系统的众多机构,包括采办与后勤部长办公室、军种部、参联会、各战区司令部以及国防部内部一些直接报告单位和相关委员会等,需要在这些机构的共同协调下才能生成弹药需求。

一、美军不同层次的弹药需求分析

美军弹药需求分析体现在三个层次,即国防部、军种和作战部队。

国防部通过发布 DoDI3000.04《国防部弹药需求程序》,以规范的需求分析流程和汇总各军种需求分析结果,进行全军当前和未来弹药需求计划和规划,起到抓总战略规划的作用。国防部从国家和军队全局出发,对整个军队系统的弹药需求进行分析和规划以确定近期(当前)和远期(5年)作战以及训练、测试所需的弹药数量,牵引着备战打仗的准备工作和各军种以及各作战司令部的弹药需求分析,是加强军事斗争准备、做好战争储备,应对全球危机的物质基础。此外,参联会主导着联合需求的开发,开发了联合能力集成与发展系统(JCIDS),通过自上而下的装备需求生成方式取代了过去由军种主导的自下而上的需求生成方式。

军种在弹药需求分析与提出方面有着决定性作用。一方面,由于需求与预算紧密相联,就弹药而言,美军各军种部向国防部提交预算,而作战司令部没有这一职能,因此很大程度上来说,军种决定弹药的数量和种类需求;另一方面,军种部层面的弹药需求分析是确定军种在不同作战条件下所需各类弹药数量的依据,决定了军种在未来年份能获得多少品种和数量的弹药,也决定了战区军种所能获得的弹药数量和品种。因此,各军种必须根据自身用弹特点,采用科学的方法对战区作战情况进行模拟仿真来确定不同战场条件下的用弹需求。每个军种使用弹药的种类和方法不尽相同,在计算消耗和需求时的模型与仿真方法也存在很大差异。

作战部队层次的弹药需求提出是根据一定的计算方法计算本级在所面临的战斗中所需的弹药数量,是战术层次的需求分析,这是面对某一次具体的战斗而提出的弹药需求,在第四章中将进行重点分析。

二、美军弹药需求分析特点

(一)国防部统筹抓总,多部门参与,共同推进

美军的弹药需求分析流程是在国防部的统一协调下,多部门接力,共同完成的。首先由情报部门从国家安全和国防面临的威胁出发,提出具体的安全威胁目标,再由作战部门根据作战需要将这些目标拆分,分配给战区军种,根据目标数量、种类,由军令系统提出近期及远期不受限制的弹药需求以及受到库存与资金等限制的近期及远期弹药需求,最后由军种部提出各军种的弹药总需求。国防部从宏观层面全盘掌握各军种弹药需求,能够从全局出发确定项目的轻重缓急,合理分配资源的投向投量。

国防部层面的需求分析对于弹药需求的重大方针、重点关注问题、对象目标转移、方法措施步骤等都有原则性、概括性和纲领性的意见,各军种必须在此框架下完成自己军种的弹药需求分析。美军多年的国防建设规律表明,如果缺乏统筹,各军种会从自己的部门利益出发,大量装备自己认为急需的装备和弹药,同时在分析需求的过程中,往往会以防万一地增加数量、增加性能最先进的品种,这些做法会超出国民经济可承受的能力,挤兑军事战略中最急需的资源。因此,从宏观层面、从联合的角度规范需求产生的范围、方法、步骤等能够有效加强联合,为军种采购提供依据,从而提高整个国防系统的利用效率。

(二)远近结合,宏观管控,提高使用效率

美军十分讲究资源配置和利用的效率。为了提高国防项目的效益,美国国

防部从20世纪60年代开始推行规划、计划与预算(PPBS)制度,目前演化为规划、计划、预算与执行(PPBE)制度。这是一种把当前短期资源规划和中长期规划与计划结合在一起、长期规划及实施规划所需的资源与执行计划所需的预算有机结合起来的方法,成为美国国防部在宏观管理上的特色。对弹药的规划、计划必须在整个国防部PPBE大系统框架下的时间节点内完成,必然也是短期与长期结合,兼顾了适应当前作战需求与未来由于技术发展、对手改变、战争形态发生变化而引起的作战变化。各军种弹药项目的采购与使用必须在PPBE的框架内进行,因此每个时间节点都非常清晰明确,国防部规定好每个时间节点,各单位必须按时间节点完成所需完成的事项,为下一时间节点做准备。这样的宏观管控有利于提高弹药资源的配置、有利于提高弹药使用的效率和效益。

(三)军种负责,战区参与,国防部协调战建平衡

军种和战区在弹药需求生成中都发挥着重要作用。美军近期弹药需求是由作战司令部(战区)提出的,战区面向最急需的作战需求,必然以应对当前威胁为主要目标;军种则根据资金及合同生产能力等情况制定需求,且弹药的研发、生产、购买、储备等方面的决策,涉及部门多、跨度时间长,协调环节步骤多而繁琐。这表明,战区和军种之间在弹药需求上存在着一定的差异,多数情况下步调并不能一致,需要一定机制来沟通协调才能达到战与建的平衡。国防部在其间起到了桥梁作用,从宏观上把军政、军令,作战与建设发展两条线统筹结合起来,做到既能满足当前作战的需要,又能展望未来,为未来面对战略对手以及潜在的战争做准备。国防部通过下属机构或独立机构进行定期研究、发布报告,对需求中存在的问题提出建议,并根据国家军事战略、国防战略、技术发展、战术等的改变对弹药需求方法、程序等进行修正,以平衡战与建的关系,始终确保军事战略与国家安全保持一致,联合作战能力目标与各军种的建设发展保持一致。

(四)方法科学,流程一致,确保同时满足远期与近期需求

美军重视以科学的量化方法演算并验证各类需求,并以标准化的流程规范需求生成过程,提升效能,节省管理成本。由于各军种所使用武器系统千差万别,弹药种类也不尽相同。国防部并没有推出固定计算方法,而是责成军种根据自身作战特点、武器装备种类和不同弹药种类进行数学建模和计算。同时,也委托兰德公司这样的智库从第三方角度对各军种弹药需求生成方法进行评

估，找出优势与劣势。美军的各军种弹药需求演算基本方法虽然可以归为几大类，但是却随着时代发展不断演进，表现为不断修订影响作战的各项因子，改进方法，使弹药需求推算更加科学合理。同时，国防部从规范管理流程的角度制定了统一的需求生成流程，确定了各单位在弹药需求生成过程的具体职能，使各单位各司其职，按照既定的时间节点和流程完成自身的职能任务，避免相互推卸、扯皮现象发生。

三、美军弹药需求分析流程

美国国防部通过制定一个标准的弹药需求分析流程来规范各类弹药需求分析，使弹药需求分析与财政预算拨款紧密结合，按照科学、规范的原则执行。

（一）发布《执行指南》

国防部每双年份 10 月 1 日由采办与后勤副部长制定并发布《国防部弹药程序执行指南》（Implementation Guidance）备忘录，任何程序上的变更、特别值得关注的领域、报告需求情况以及特别指令都包含在这个备忘录里。国防部政策副部长和参谋长联席会议主席（简称参联会主席）在每年 9 月 1 日之前一起确定《弹药需求程序》中所需的作战背景和主要的弹药消耗，以确保采办与后勤副部长按时发布《执行指南》备忘录。

（二）发布《威胁报告》

国防部情报机构——国防情报局（DIA）对作战想定中美军及盟国部队可能在战区中面临的潜在威胁目标进行年度预测，威胁报告实质上是一个包含具体威胁目标的清单，是为制定弹药需求提供的权威性评估。《威胁报告》（Threat Repot）中对敌方目标的描述包括三个方面：一是武器装备的种类和数量；二是武器装备现代化的趋势；三是部队的结构及发展趋势。《威胁报告》包含一个目标的数据库，数据库里开发的信息详细到目标的名称、经纬度地点、基本的百科数目、分类代码、脆弱性、坚硬度、深度、半径、容量等，还对它们进行威胁分类和建模。《威胁报告》的评估还包括对目标再生能力的评估，即对目标能够及时修复的百分比和修复一个目标所需的平均时间的评估，以及战场毁伤率的评估。国防情报局局长《威胁报告》提交给参联会主席、采办与后勤副部长、成本评估与项目评估部主任来确认基于《执行指南》的威胁评估，并于 1 月 1 日发布。

（三）发布《阶段性威胁分配》

《阶段性威胁分配》（Phased Threat Distributions，PTDS）由《近年阶段性威胁

分配》①(NY PTD)评估和《远年阶段性威胁分配》(OY PTD)评估构成,主要任务是把《威胁报告》中提到的威胁目标在战区各军种中进行分配,这种分配是在作战计划中各阶段以目标种类(如坦克和战机)的百分比来量化的。

各战区作战指挥官生成《近年阶段性威胁分配》评估,并于每单年份3月1日前通过参联会主席,提交给采办与后勤副部长、成本评估与项目评估部主任。《近年阶段性威胁分配》的制定是基于特定的战场弹药消耗情况,把《威胁报告》中确定的敌方目标在战区军种内部进行分配,以便让作战指挥官评估战区内军种组成部队目标分配和风险覆盖②情况,战区作战指挥官要指定消耗和分配的方法。在决定威胁分配时,《阶段性威胁分配》(PTDS)可以使用风险覆盖的方法。但是,需要解释清楚各个区域为什么采用风险覆盖的方法,同时要指明目标(一类或一种)数量变化的情况。《阶段性威胁分配》解决的是所有部队,包括作战部队和保障部队面临的威胁。在提交之前,战区的作战指挥官会与各军种以及参联会主席协调确保阶段性威胁分配与作战计划概念相协调。

《远年阶段性威胁分配》的责任人是参联会主席,由他协调把特定战区作战指挥官以及军种参谋长召集在一起,确保战区能与参联会的作战计划概念相协调,军种与未来现代化发展目标相协调。《远年阶段性威胁分配》基于中期的国防计划背景以及多军种部队部署情况制定,参联会主席对于各领域风险覆盖情况和目标(一类或一种)数量的变化情况提出解释性说明。《远年阶段性威胁分配》由参联会主席提交给采办与后勤副部长对其进行审阅,并于每单年份5月1日发布,后由战区作战指挥官、军种参谋长、成本评估与项目评估部主任以及采办与后勤副部长执行。

(四)发布《总弹药需求》(TMR)

根据美国国防部发布的3000.04指令《国防部弹药需求程序》,美军的总弹药需求(图3-1)主要包括两大部分:一是战争储备弹药需求;二是弹药训练及测试需求。前者侧重于备战打仗和战时的使用需求,后者侧重于平时部队训练的弹药需求和测试各类弹药性能所需的弹药需求。其中战争储备弹药需求又

---

① 所谓近年NY(Near-year)和远年OY(Out-year)的概念是以计划目标备忘录(POM)覆盖的年份为判断依据,如果POM是2020年的,未来年份国防计划(FYDP)将覆盖2020—2025年这6年,那么近年(NY)就是2019年10月1日之前,也就是计划周期前一年,远年(OY)就是2025年10月1号之前,即计划周期最后一年。

② 风险覆盖(risk mitigation)是弹药需求制定中的一种概念,指的是有意将敌方目标在不同部队之间复制以战胜未预期到的敌方部队,同时也能管控其他与弹药库存有关的风险。

包括战斗需求、战略战备需求以及当前行动/前沿存在需求。战斗需求指的是装备一支指定的部队(执行指定的军事任务来满足作战指挥官的目标)所需的弹药。战略战备需求指的是武装那些没有在指定的主要作战行动中参战的部队所需的弹药以及战略储备,还包括任何由协议或法律义务所引发的盟军的弹药需求。当前行动/前沿存在弹药需求指的是武装部队进行当前作战行动和前沿存在所需的弹药,前沿存在包括全球军事力量存在政策和总统指挥的行动。

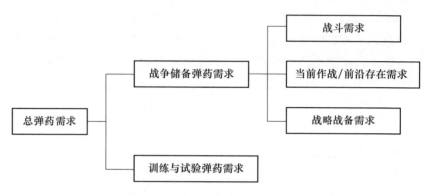

图 3-1 美军总弹药需求

美军在弹药需求程序中将产生 4 种弹药需求:一是当前不受限的弹药总需求,这个需求能为解决进入计划目标备忘录(POM)①程序中的当前投资产生的问题提供思路;二是当前受限的总弹药需求,该需求提供了对作战计划或紧急计划中风险进行评估的方法,同时协助解决优先预置弹药和有关弹药分配的问题;三是远期不受限的弹药总需求,该需求代表着军种部和特种作战司令部未来年份弹药库存目标;四是远期受限的弹药总需求,该需求根据远期不受限的弹药总需求与最新军种部和特种作战司令部库存计划之间的差异,通过充足度评估和弹药评估来解决产生的问题。

(五)完成《充足度评估报告》

这是由军种部主导的两阶段的评估报告,目的是确认军种部是否有能力解决阶段性威胁分配中划分给军种的目标。各军种和特种作战司令部每双年 1 月 1 日向参联会主席、采办与后勤副部长及成本评估与项目评估部主任提交一份弹药充足度评估报告,称为计划目标备忘录前(Pre-POM)充足度评估报告。

---

① 计划目标备忘录(Program Objective Memorandum,POM)是 PPBE 程序中的一部分,各军种在计划阶段提出的本军种在未来 6 年的计划项目、进度安排和经费需求,从军事需求和战略角度论证所提出计划项目的必要性。计划目标备忘录是各军种部计划项目及预算申请。

当计划目标备忘录提交给国防部长办公室后21天后,军种部和特种作战司令部将再次提交一份充足度评估报告,称为计划目标备忘录后充足度评估报告(post – POM)。可以看出,充足度评估报告紧密围绕着国防部规划、计划、预算与执行系统中(PPBE)的计划目标备忘录(POM)进行,并被国防部领导和项目计划人员用于计划目标备忘录的审议过程,因为计划目标备忘录中就包含了对任务、未来目标、为达成目标采用的方法以及资源分配进行的分析。

(六)完成《弹药评估报告》

主要由参联会主席及相关的作战司令部协调完成。包括两种评估:一是计划目标备忘录前弹药评估,这个评估是在近年受限的总弹药需求的基础上进行的整个作战领域的评估。二是远年总弹药评估。这是参联会主席与相关战区司令部在远期弹药总需求基础上,进行两阶段(计划目标备忘录前、后)的弹药评估,军种的充足度评估报告用来协助完成评估。参联会主席及相关的作战司令部要在每双年的2月1日把计划目标备忘录前《弹药评估报告》呈递给兵力运用能力委员会(FA FCB)。这个评估阶段也是远年目标分配和军种/特种作战司令部的总弹药需求等待联合需求委员会验证的阶段。参联会主席在收到军种/特种作战司令部的计划目标备忘录后《充足度评估》报告后,立即把计划目标备忘录后(post – POM)《弹药评估报告》呈递给兵力运用能力委员会(FA FCB)。《弹药评估》报告在酝酿计划目标备忘录(POM)过程中以及规划、计划、预算与执行系统(PPBE)过程中被各军种与国防部长办公室用来进行决策。

表3 – 1是以2012财年[①]美国国防部弹药需求程序的执行时间表来说明美军弹药需求分析流程。国防部的弹药需求程序两年一个周期,2012财年的弹药需求程序从2010财年就开始了。

表3 – 1 2012财年美国国防部弹药需求程序执行时间表

序号	阶段内容	阶段时间	任务划分	责任人/部门
1	政策制定	2009年9月至10月	国防部弹药需求工作组会议	采购、技术和后勤副部长/联合参谋部
2			指南输入	政策副部长/联合参谋部
3			发布执行指南备忘录	采购、技术和后勤副部长/政策副部长

---

① 美国的财政年度和日历年度不一致,从上年的10月1日至本年的9月30日为1个财政年度,2012财年始于2011年10月1日,截至2012年的9月30日。

续表

序号	阶段内容	阶段时间	任务划分	责任人/部门
4	发布威胁报告和阶段性威胁分配	2009年11月至2010年5月	国防情报局发布威胁报告	国防情报局
5			威胁报告发布前与发布后的分配	联合参谋部
6			近年(计划周期前一年)阶段威胁分配(3月1日)	作战指挥员
7			远年(计划周期最后一年)阶段威胁分配(5月1日)	联合参谋部
8	弹药需求确定	2010年6月至2011年1月	总弹药需求上报	美国特种作战司令部
9			各军种不受限弹药需求(11月1日)	各军种部
10			弹药需求分配	联合参谋部
11			美国特种作战司令部总上报弹药需求变化(11月15日)	负责特种作战的助理部长
12			受限弹药需求和充足度评估(POM前)	各军种部作战指挥员
13			2012财年部队发展指南项目目标备忘录(4月/5月)	政策副部长
14	弹药需求评估	2011年2月至2011年9月	弹药评估(POM前)	联合参谋部/作战指挥员
15			2012财年联合规划指南项目目标备忘录(4月/5月)	国防部
16			修订军种库存(8月POM提交后的21天)	各军种部
17			充分度评估(POM后)POM提交后的21天	各军种部作战指挥员
18			向兵力运用能力委员会提交弹药评估(POM后)(提交POM后库存10天后)	联合参谋部/各军种部

第二节 陆军弹药需求分析

陆军在《国防部弹药需求程序》的指导下,发布了指导陆军的条例《陆军总弹药需求和优先政策》,根据陆军特点,规范自身弹药需求分析及提报程序。

一、陆军弹药需求内容

根据陆军条例《陆军总弹药需求和优先政策》,陆军的总弹药需求包括两大部分,战争储备和作战弹药需求以及训练与试验弹药需求。其中联合作战弹药需求包括两大类(战争储备和作战弹药需求)三项需求内容(战斗需求、战略战备需求以及当前行动/前沿存在需求),陆军战争储备弹药需求图如图3-2所示。陆军用量化的弹药战争储备需求(QWARRM)来反映它的战储/作战需求,并采用载荷的概念来计算储备及作战需求量,最常用于计算的是战斗载荷(类似于基数概念)。具体的各类不同载荷概念见第四章第二节。陆军经过多年探索,把对弹药战争储备需求研究分解成三部分内容:一是陆军训练与条令司令部(TRADOC)和特种作战司令部(SOCOM)为常规部队及特种部队制定的战斗载荷(CL)以及计划消耗量(PCOTS);二是陆军分析中心(CAA)生成的弹药需求;三是其他战争储备和作战弹药需求。

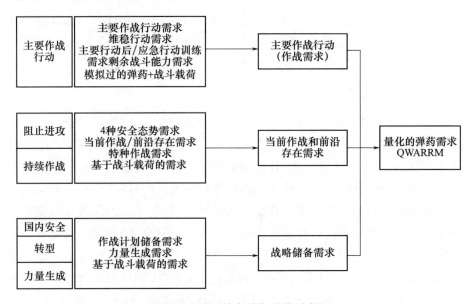

图3-2 陆军战争储备弹药需求图

弹药战争储备需求的需求评估结果反映了陆军地面机动部队成功执行战役计划所需的弹药数量,反映了作战计划中每个作战阶段的目标和弹药需求,这个结果主要是从对作战师/旅战斗队在战场进行对抗时武器系统的性能表现进行分析得来,提供了一个全面的基于战场的想定,并得出贯穿整个战役的弹药需求。

二、陆军弹药需求管理关键部门

陆军指定主责单位进行弹药需求分析,以下机构在弹药需求分析中发挥重要作用。

（一）陆军作战、计划与训练副参谋长

陆军主管作战、计划与训练的副参谋长（DCS G-3/5/7）主管陆军弹药,包括弹药的需求管理,他决定了陆军所有类型弹药需求,并提出优先保障排序建议,使陆军与弹药相关问题能与实际作战相关联。按照规定,所有陆军弹药需求都必须按照时间节点上报到作战、计划与训练的副参谋长处,并由他向参联会主席和国防部采办与后勤副部长提交弹药需求。他负责陆军弹药战争储备需求研究,制定并出版陆军弹药战争储备需求,每年进行出版更新。

（二）陆军训练与条令司令部和特种作战司令部

在进行弹药需求管理方面,陆军训练与条令司令部（TRADOC）和特种作战司令部（SOCOM）主要提供常规部队及特种部队的战斗载荷（CL）,并制订计划消耗量（PCOTS）。部队用战斗载荷来决定它们的战储需求。

（三）陆军分析中心

陆军分析中心（CAA）是陆军进行作战模拟仿真的领导机构,进行战区级的弹药需求模拟仿真。通过使用模拟仿真工具,该中心把战略规划指南、战区作战计划、国防情报局的威胁报告、计划部队力量结构、经批准的弹药、弹药限额、经批准的战斗载荷、弹药/系统性能数据等进行输入,并与国防部长办公室和参联会主席审批通过的作战想定结合在一起进行模拟,为陆军的作战任务制定弹药需求。对于那些没有进行模拟的作战需求,该中心也用陆军训练与条令司令部和特种作战司令部制定的战斗载荷及计划消耗量来确认作战需求。为了计算战役中的弹药消耗量,陆军分析中心把弹药分为两大类:主用弹药和散装弹药（类似于特种弹）。主用弹药又包括杀伤弹药（如高爆弹药）、支援性弹药（如烟幕弹和照明弹）和轻小武器弹药（0.5mm 口径以下）。散装弹药指的是不与作战系统相联系的弹药,如手榴弹和肩扛式发射弹、信号弹、曳光弹、拆除弹等。陆军分析中心生成的需求包括在一次战役中所有武器和作战平台所携带的一个战斗载荷,以及通过战区保障系统进行补充的量,战役结束后,作战部队还需要保持一个战斗载荷来维持最基本的作战能力。陆军分析中心通过模拟仿真生成的产品主要包括当前受限弹药需求、当前不受限弹药需求、受限远期弹药需求、不受限远期弹药需求以及在特定作战条件下30天的弹药需求。

三、陆军弹药需求分析流程与方法

（一）陆军弹药需求流程

陆军弹药需求程序的概念性描述如图3-3所示，可分为三个阶段：数据收集、需求开发以及需求确认阶段。通过对历史数据和当前数据的整理分析，使陆军关键能力得到确认，然后进行需求开发，最后确认并批准需求。在数据收集阶段，训练和条令司令部提供历史数据，陆军一级司令部和战区军种组成司令部提供部队的军事需求，其他国防部各单位提供各类文件指南作为需求提出的参考规范和数据支撑，陆军作战、计划与训练副参谋长（DCS G-3/5/7）负责审批。通过这些部门在需求开发阶段提供的数据、力量构成、能力和策略等，训练和条令司令部确定陆军武器系统的载荷以及确定训练需求，陆军分析中心确定战斗需求、当前作战/前沿存在需求以及战略战备需求。在需求确认阶段，陆军作战、计划与训练副参谋长负责批准陆军总弹药需求。一旦批准，陆军的弹药需求将进入计划目标备忘录，然后将被提交到国防部。

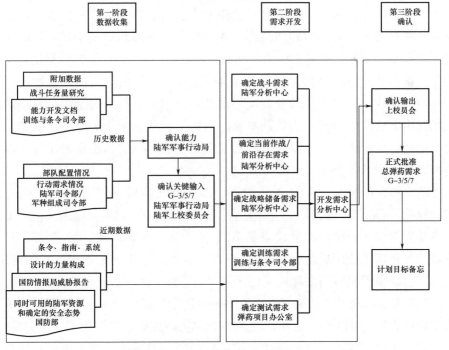

图3-3　陆军弹药需求程序概念图

(二)陆军弹药需求分析方法

1.作战需求的计算

如前所述,陆军的作战需求包括计算战斗需求、当前作战/前沿存在需求和战略战备需求。每部分分别计算出来,累加在一起就成为陆军作战需求,也就是被陆军称为量化的战争储备需求。

1)计算战斗需求

陆军计算的战斗需求一般包括三部分:战斗消耗需求、战区持续保障需求和战后剩余能力需求。

美军很大一部分弹药以国防部识别码作为身份标识,用于计算消耗需求。陆军把列在国防部识别码下的弹药分为轻小武器弹药、散装弹药和主用弹药三类,然后以模型或计算表格的方式来计算各类弹药需求。主用弹药消耗的发数被计算在一个被称为"联合一体化应急模型(JICM)"里(见弹药需求模拟方法)。当与作战相关的所有标识国防部识别码的弹药计算完成之后,陆军开始用计算表格分析并计算与7个增加因素相关的弹药消耗和损失。这7个增加因素包括:①与战斗相关的损失。代表由于友军的武器系统在战场被摧毁而损失的一部分战斗载荷。②可疑目标消耗。代表由于打击错误目标或重复打击先前已被摧毁目标造成的弹药消耗。③一些支援保障目标的消耗。代表用于对基础设施以及作战保障车辆的消耗,这些消耗并没有被计算在模型里。④注册。这是当非定向武器再次被置于战场时,用于调节火力控制的发数。⑤检查。是验证特定武器系统战备性能的消耗。⑥校准。代表为了保证轻小武器战场视距准确性的消耗。⑦后勤系统的消耗。这些是由于后勤系统受到敌军攻击或是自身操作失误等原因造成的发送到作战部队之前的后勤消耗。以上这些数值由训练与条令司令部提供。

陆军的作战分四个阶段:第一阶段(Ⅰ)为慑止阶段,第二阶段(Ⅱ)为夺取主动权阶段,第三阶段(Ⅲ)为主宰阶段,第四阶段(Ⅳ)为维持稳定阶段。上述的战斗需求和7个增加因素代表了第二、三阶段的消耗需求。目前,陆军第四阶段的弹药需求使用的是历史数据,即在伊拉克战争中的数据来决定消耗量。第二、三、四阶段的弹药消耗量累加在一起就是整个战斗消耗需求。

战区持续保障需求代表了在对抗结束时后勤管道中的弹药。它的计算方法为平均日消耗量乘以10。也就是说,在对抗结束后战场应储备10日份的弹药。

剩余能力需求被定义为在冲突结束后每个武器系统要有1个战斗载荷弹药的剩余。

2)计算当前作战/前沿存在需求和战略战备需求

当前作战/前沿存在需求和战略战备需求的计算只包括消耗与剩余能力需求。通过计算"联合一体化应急模型"中所描述的主战武器系统的日消耗率,陆军为各种基准安全态势中作战力量的主要参战武器系统确定了一个最大日消耗率。将这一消耗率与战斗载荷进行对比,作为基准安全态势中各类武器系统弹药消耗的主要因素。

2. 陆军联合作战弹药需求模拟方法

美国陆军的作战需求分析模型处于不断演进过程中,20 世纪八九十年代美国陆军在需求分析方法上采用了一个称为"战区模拟"的模型来模拟计算战区陆军在作战中所需的弹药,当时几乎所有陆军弹药都采用该模型进行仿真分析。进入 21 世纪以后,美军根据近几场局部战争不断改进需求分析方法,目前采用的是"联合一体化应急模型"(JICM)模型。

1)战区模拟模型

该模型分为四个子模块:战斗样品产生(combat sample generator, COSAGE)模型、消耗校准(attrition calibration, ATCAL)模型、概念验证模型(Concepts Evaluation Model, CEM)和弹药后续处理(ammunition post processor, APP)模型,见图3-4。

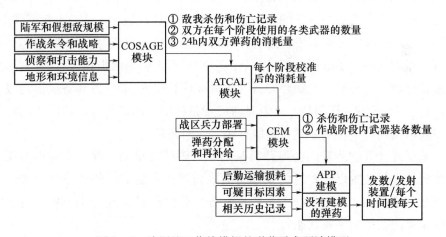

图3-4 陆军基于作战模拟的弹药需求预计模型

(1)战斗样品产生模型。陆军首先建立一个 24h 的作战模型,输入因子为美国陆军和假想敌,其中至少要包含一种双方使用的作战武器,还包括武器系统的侦察能力和打击能力、地形信息、环境信息等。该模型用想定的规则和策略,分四种态势来描述部队的行动,包括进攻、高强度防卫、低强度防卫和胶着战。输出结果为三类:①敌我杀伤和伤亡记录;②双方在每种态势阶段使用的各类武器的数量;③24h内双方弹药的消耗量。每隔24h交战模型随机计算15次,然后取平均值。

(2)消耗校准模型。陆军需要根据模拟的交战情况推算实际交战的弹药需求量。这个模型为实际交战的军队计算弹药需求。模型的输出为每种态势校准后的消耗量。当交战双方每类武器系统的数量确定后,可以用消耗公式计算消耗总量和费用总量。

(3)概念验证模型。校准后的消耗公式代入战区仿真系统,被称为概念验证模型。该模型使用作战计划中被特别指定的部队部署,根据规则,如果需要就将部队分配至不同地域进行增援或是保持战备状态。该模型模拟的是《国防指南》中规定的一段时期战区内的战争,并认为空军和所有友军的贡献度是有限的。该模型的输出为杀伤和伤亡记录以及一段时间战区内被授权使用武器装备数量。这个结果,与战斗样品产生模块中的直接火力发射清单一起被代入弹药后续处理模块。

(4)弹药后续处理模型。在该模型中,要计算那些没有在战斗样品产生模型和概念验证模型中被计算过的弹药。该模型要涉及陆军购买弹药数量中的45%,其中又包含很多费用高昂的弹药,如坦克弹药、炮兵弹药和导弹等,其费用占了陆军弹药购买总费用的90%。该模块的计算还包括一些轻小武器弹药、手榴弹、散装弹药、非炮兵发射照明弹以及类似性质的弹药等。此外,弹药后续处理模型调整增加了战区陆上运输遇敌损耗和海上运输的损耗,以此提高弹药需求预计数量。还有一些额外的需求量也被计算在内,如发射装备运送到战区后进行校准的消耗,压制敌方火力时向可疑目标发射的消耗等。该模块的输出为一段时期内每个发射装置每天所有轮次的消耗量。

基于此计算的战斗消耗弹药只是陆军总弹药需求的一部分。陆军参谋还使用每种发射装置每天发射的发数与战区内可用发射装置的数量结合来计算战争中再补给的需求。这个需求占到陆军总弹药目标花费的90%,剩下的10%是弹药初始的装备状态。

这个模型有几个优点:首先,这是一个基于敌我双方的战争模拟,考虑了可摧毁目标效果,以及美军为消灭这些目标所能携带的弹药数量。其次,这个模型是时敏型模型,作战双方的消耗都被模拟。最后,模型结果为战区模拟,可以更为容易与战区级战斗结果相关联。

但是这个模型也有一些缺点:没有考虑很多敌方行动、美军行动和补给的不确定性,概念验证模型和弹药后续处理模型是期望值模型,战斗样品产生模型是随机模型,其结果在输入概念验证模型前被平均计算了。考虑因素太多,计算时间太长,一个战区模拟用时超过一年,快速响应不够,而且输出量比较少,受制于每门火炮每天所有轮次射击条件。模型没有考虑武器可靠性和战场情况,没有考虑战场中的变化,也没有考虑弹药的费用。

2)联合一体化应急模型(JICM)

"联合一体化应急模型"是"战区模拟"模型的改进版,也是基于一系列敌我双方部队之间的对抗来决定弹药消耗。该模型考虑到地面部队的流动和交互受到其他一些因素的影响,比如说空中力量对目标的打击、地形、战场态势感知、后勤和维修等,因此把这些因素也都放入这个模型中。当交战开始后,"联合一体化应急模型"还会用到消耗校准模型中的方法来决定消耗的弹药发数和双方的损耗。同时还要用到来自战斗样品产生模型中的"边界"概念来定义定向火力系统的火力发射速度、系统可用性、射程、毁伤概率和对应的K毁伤概率以及未定向火力系统的偏航、毁伤性能、反应能力和对应的K毁伤概率。陆军分析中心的"联合一体化应急作战模型"还在不断进行改进,如允许在一个想定中运用多个"边界"(boards)来计算在不同的兵力结构或不同地形进行的作战类型。

3)没有在模型中体现的弹药

对于"联合一体化应急模型"模型中没有体现的弹药种类,或是不用武器系统发射的弹药,陆军通过其战斗载荷的消耗与模型中弹药的战斗载荷消耗进行对比得出的百分比来估算其消耗量。对于一些次要武器,如坦克上的机关枪,假定这些武器的弹药消耗与坦克上的主要武器系统的战斗载荷消耗比率是一致的。如M1A2艾布拉姆坦克主炮的战斗载荷是30发高爆弹,那么"联合一体化应急模型"中会显示在作战想定中该型坦克平均要发射45发高爆弹,弹药消耗大约是战斗载荷的1.5倍。因此,M1A2坦克上7.62mm机关枪的弹药消耗也被定为1.5倍的战斗载荷进行计算。对于大量的轻小武器弹药和散装弹药(手榴弹、导爆索等),也采用有国防部识别码的轻小武器弹药和散装弹药的战斗载荷来确定需求。

第三节 海军弹药需求分析

美国海军在《国防部弹药需求程序》指导下,发布了指导海军指示《海军弹药需求程序》,根据海军特点,确定主责单位职能,规范自身弹药需求分析及提报程序。

一、海军弹药需求内容

海军弹药需求程序方法与国防部弹药需求程序相一致,也是把总弹药需求确定为战争储备弹药需求(WRMR)和训练与试验弹药需求(TTR)的总和。海军把海军弹药库存需求作为海军弹药总需求,但是海军弹药库存需求程序中并不计算核、生、化武器的库存需求、总轻小武器弹药、非动能武器以及陆战队地面弹药。海军的弹药需求有其独特性,因其计算的是战前军舰的装载需求。海军根据主要作战方案中分配给海军作战部队的每项军事任务而采用计算总(全部)作战载荷的特殊计量方法。从弹药载荷的观点来看,这个计量标准就是能够满足海军全部部队装载需求的最小弹药数量。

二、海军弹药需求管理关键部门

海军需求管理的主责部门主要位于海军作战部,作战部的 N8 和 N9 部长以及 N81 主任等领导机构通过海军资源与需求评审委员会等专业机构共同确定海军弹药需求,各部门在海军弹药需求确定过程中职责清晰明确。

(一)海军作战部 N8 部副部长(CNO N8)

海军作战部主管资源与能力一体化部副部长(N8)全权负责海军弹药需求程序,并提供需求模拟结果。

(二)海军作战部 N9 部副部长(CNO N9)

海军作战部主管战争系统部副部长(N9)通过 R3B 程序,裁决和审批通过海军弹药需求程序的设想和方法,并审批通过海军弹药需求程序作为海军弹药库存需求(或者称为总弹药需求)。

(三)海军资源和需求评审委员会(R3B)[①]

海军资源和需求评审委员会是海军高层次的需求模拟方法的指导和管理机构,是一个三星级将军参与的关于需求与资源的决策会议,由海军作战部 N9 部副部长主持,根据需要定期召开,解决海军弹药需求问题,提供结论。其成员包括:海军作战部主管人力资源、教育与训练部副部长(N1);主管信息战部副部长(N2N6);主管作战、计划和战略部副部长(N3N5);主管战备和后勤部副部长(N4);海军作战部 N8 部副部长;美国舰队司令部司令;美国太平洋舰队副司令;陆战队分管

---

① 英文全称为 Resources and Requirements Review Board,简称 R3B。

计划和资源的副司令(DCMCP&R);陆战队分管航空副司令(DCMCAVN)等。

（四）海军作战部长办公室评估部主任(N81)

海军作战部长办公室评估部(N81)是海军弹药需求职能的主管部门,负责发布年度数据库开发的任务分配命令。数据库开发的任务分配命令明晰了三种职能:一是监管和会计责任的领导职能;二是作为执行的行动办公室;三是具有专业能力的工作组。N81 既是国防部弹药需求程序指导组成员,也是国防部弹药需求程序工作组成员,其职能是确保海军产生和收集的数据能够支持国防部弹药需求程序。

（五）海军弹药需求程序评审组

海军弹药需求程序评审组是为保障支持海军作战部长办公室评估部(N81)执行海军弹药需求程序而设立的评审委员会。该小组由海军作战部以及舰队中一定级别的军官和保障人员中选出代表组成。该评审组审议和检查提出的需求方法、输入的想定以及产出的结果。评审组的主席代表 N81 来评估小组管理过程,包括领导决策的准备工作和最终产生的结果。

（六）海军弹药需求程序工作组和技术工作组

海军弹药需求程序工作组主要协助数据研发、收集、验证、提交,以及发布数据库评审结果。他们向 N81 提供所有经改进的方法。

海军弹药需求程序技术工作组解决建模过程中的技术问题或是特殊作战想定中的技术问题。

三、海军弹药需求分析流程与方法

（一）海军弹药需求分析流程

1. 需求更新

海军的弹药需求分析由需求更新开始,这是年度例行的职能,包括审议、收集与开发有关作战人员、编程需要和威胁输入数据来对现行的需求及支持该需求的数据库进行更新。步骤如下:①由 N81 通过文件发布数据库开发任务分配命令,该命令确认数据收集的职责和停止日期。作战机构通过确定不同部队的作战消耗和作战载荷来进行信息更新。这些更新过的新的数据被载入软件系统以及多个模型中,进行数据分析来辨认不吻合、冲突以及运行异常的数据。②发布决议。通过软件和数据库的研发,发布决议是作为建议改变方法和数据库输入提交前的要求。那些有问题的数据会返回提供者手中或由工作组进行裁决是否能使用。最终的方法更新和设想提议会呈送到海军弹药需求程序评审组来进行确认。③确认。海军弹药需求程序评审组对所有提交的数据变更有监督权,并且要验证和审批通过这些数据变更。如果不需要进行数据变更,说明现行数据将继续有效。④裁断。那些不能由海军弹药需求程序工作组解决的问题会提交到海军资源和需求评审委员会,由其通过裁断和解决建模中的问题来提供高级别的指导。⑤需求生成。N81 会生成近年和远年不受限总弹药需求,并提交给参联会主席和国防部采办、技术与后勤副部长;还会生成受限的弹药需求。受限的弹药需求能够协助完成国防部长办公室要求的弹药充足度评估报告。充足度评估报告确定在建模方法中的相关标准,作战计划人员要在作战计划中运用这些标准,以完成弹药评估。⑥验证。N81 被赋予了对最终产生的数据库和由此产生的总弹药需求进行监管的权力。最终产生的总弹药需求在返回 R3B 裁决之前由海军弹药需求程序评审组来审议和确认。⑦审批。海军作战部 N8 部对与海军弹药需求程序的建模、方法、评估和其他产品具有监督权。经裁决和验证的弹药需求会交由 N9 部审批。最终总弹药需求一揽子报告将提交 N9 审批。N9 可以通过主办 R3B 会议来裁决海军弹药需求程序评审组解决不了的弹药问题。⑧记录。经审批的需求出版后交付给国防部采办与后勤副部长,并用于海军的计划、规划、预算与执行程序中。验证过的需求和相关支撑文件将会在舰队司令部的海军弹药需求程序共享点网站张贴出来。

2. 研究并评估

经审批的数据库和需求分析方法会被用来进行受限的变量分析和充足度评估。这是按照国防部要求的两个充足度评估来支持作战指挥官的弹药评估。

3. 海军弹药需求程序模型

海军弹药需求程序建模方法由海军作战部长办公室评估部(N81)开发。虽然并不是所有弹药需求都用相同的方法计算生成,但是 N81 组织参与除核以外的所有弹药需求生成活动。在 N81 以外进行的弹药需求生成,需要把采用方法以及结论的年度报告呈送给 N81,一经审批,这些提交的需求方法将和海军弹药需求程序的产品即总弹药需求结合在一起提交给海军作战部 N8 和 N9 部门,等待最后一揽子审批。

(二)海军弹药需求分析方法

1. 面向威胁的建模方法

海军弹药需求预计的 2/3~3/4 使用面向威胁方法,包括反潜、反水面舰艇和防空的弹药。海军面向威胁的弹药需求预计用于明确发现的目标,而且弹药消耗量受限于可获取的打击目标。海军面向威胁模型对每个舰队消耗量进行分别计算,主要计算依据为舰队规模和目标数量。海军使用了目标分配方法,同时考虑弹药类型、环境因素和目标防护能力等。另外,该方法引进了"错误目标"概念,用于计算打击错误目标产生的费用,结构如图3-5如所示。

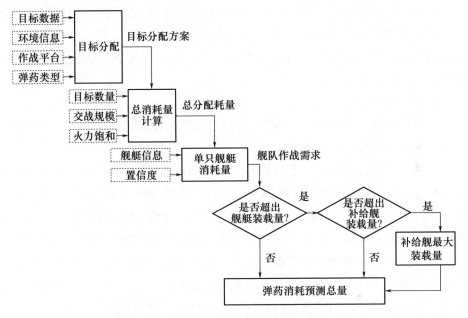

图3-5 海军面向威胁的弹药需求模型

(1)目标分配。即把敌方目标在己方同类舰艇之间进行分配,如护卫舰、驱逐舰属于同种类型舰艇。输入为威胁目标类型(包括错误目标类型)、环境信息、作战平台、弹药类别等。还有一些额外的输入信息,如目标的数目和战术变化信息,如交战时火力的饱和度和交战规模等带来的杀伤率。输出为整个弹药数量在需要摧毁的敌方目标之间进行的分配。

(2)总消耗量。输入为目标数量、交战规模和火力饱和程度,并不是所有舰艇都面临同样的威胁目标,为了把威胁目标在可用的海军舰艇之间分配,海军采用了一种被称为波斯-爱因斯坦的模型,实质是基于统计学的分配,能够反映出一些历史数据。输出为总消耗量的分配。

(3)每艘舰艇消耗量计算。输入为舰艇信息、置信度。置信度用于描述一艘舰艇在弹药消耗完前消灭所有目标的可能性,判断置信度和波斯-爱因斯坦的模型分配弹药量是否超出该舰艇的装载量,如果超出,那么作战装载,即每艘舰艇的初始装载量将成为总需求的一部分，如果没超出，那么每艘舰艇的需求和计算结果一致。输出为每艘舰艇作战需求。

（4）判断消耗量与装载量关系。如果弹药消耗量超出该舰艇的装载量，则增加补给舰，如果超过补给舰装载量，按最大装载量；如果不超过舰艇装载量则为初始装载量。

（5）计算总需求量。海军还得计算仓库存储需求，采用的是与计算单艘舰船和补给力量一样的置信度。输入为单艘舰艇的初始装填、后勤补给舰船的初始保障以及仓库的需求量。输出为总需求量。在向上报送时会根据弹药维修状况进行一些调整修正。

2. 海军基于能力的模型

这类模型针对的是计算海军和陆战队飞机使用的空对地弹药。该类弹药一般占海军常规弹药需求的 1/4~1/3。

空对地弹药计算始于一个被称为 phaser 的模型，该模型运用飞机的部署计划、维修因子、天气模式以及消耗因子来进行作战计划中不同时间段飞机架次可用频次的统计。该模型中的飞行架次被划分为海上控制架次与投送架次，分别用来攻击敌方海上舰船和岸基目标。海上控制架次在计算中被首先计算那些能够进行海上目标控制的弹药需求。这一过程中，武器效能参数与海上控制架次等因子被输入，该模型把目标分配给特定弹药种类，然后利用线性编程技术来挑选一系列飞机和弹药的组合，力图达到以最少的出动架次对付全部目标。

第二个主要计算模型被称为 NAVMOR，该模型被计算投送架次。投送架次指的是这个模型总出动架次中被预留出的计算投送弹药需求的部分。该模型有一部分被留来的弹药对特定目标进行攻击，还有一部分留出来的弹药是固定库存。

还有几个模型被用来计算其他种类的海军空投弹药。其中一种是反辐射导弹，一种模型计算反制措施的消耗，还有一种模型被海军反潜飞机用来攻击声纳。所有这些消耗被计算在一个称为多样需求发起的模型中。该模型计算合理架次下特殊弹药的消耗率。通过这几个模型的计算就可以算出总的作战弹药消耗。

第四节　空军弹药需求分析

美国空军根据《国防部弹药需求程序》以及空军自身特点，提出了空军弹药需求分析及分配程序。

一、空军弹药需求内容

根据国防部指示 DoDI3000.04 规定的弹药需求程序,空军定义了总弹药需求来与之对应,按照作战需求、当前行动/前沿存在需求、战略战备需求以及训练和试验需求这四大类别提出了空军的弹药需求。其中,作战需求包括战斗需求和国土防卫需求。对于战斗需求,空军这样定义:装备一个部队来完成既定军事任务和满足作战指挥官的目标而需要使用的弹药数量,包括需要进行风险覆盖的弹药。对于战斗需求,空军又把它分解为战斗消耗需求和战斗装载需求。前者为战斗中消耗的所有弹药,后者通过对部队提供满装的基本空对空弹药装载以及数天用来维持作战的空对地弹药来武装部队。国土防卫需求是保卫国家免遭攻击、保护民事防卫设施以及应对国家主要区域出现的紧急情况。当前行动/前沿存在需求中,当前行动需求指的是那些正在发生的已被命名的一些行动(包括国土防卫);前沿存在需求指的是那些在战区并未列入已命名的行动中的弹药需求。这些需求实际上与作战行动计划紧密相关,包括由总统指定的全球海上力量前沿存在政策和与之相关的行动。空军的战略战备弹药需求是指武装那些没有参加主要作战行动的部队,也包括战略储备。同时还包括任何从协议或法律条文中产生的对盟国的弹药需求义务。训练和试验用弹需求是用来训练部队,支持参联会主席关于实弹演示,完成研发和作战测试等。空军总弹药需求如图 3-6 所示。

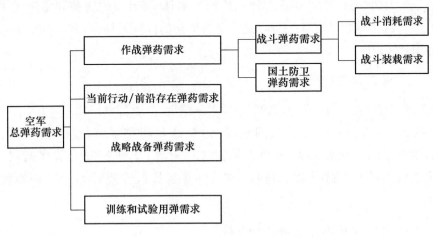

图 3-6 空军总弹药需求

二、空军弹药需求管理关键部门

空军的弹药需求制定和分析在总部由 A5RW 部门主导,位于犹他州希尔空军基地的全球弹药控制所主导部队弹药需求,空军作战司令部的 A3TW 也涉及一部分需求。同时,跟海军一样,空军也成立由相关专家和代表战区军种的相关工作组共同负责。

(一) AF/A5RW

空军部的 A5RW 部门是作为空军作战能力需求的执行代理,负责开发空军总弹药需求。同时,用非核消耗年度分析(NCAA)程序来计算空对地作战弹药需求,用战术空中弹药项目(TAMP)来完成空对空导弹的作战需求。对经大司令部验证过的训练、试验、国土防卫及飞行需求进行审议并设置分配的优先次序。

(二) 全球弹药控制所、弹药部、空军希尔基地

空军希尔基地的全球弹药控制所是空军主要的弹药管理部门,根据空军手册 21-201,协调并出版年度平时常规弹药需求预计提交指示备忘录,与可用资产对比来分析提交的总弹药需求并生成一个初始分配文件。

(三) ACC/A3TW

空军作战司令部的 A3TW 部开发并验证训练、作战飞离和国土防空需求。作为主要大司令部应用"战备空勤人员预计工具"来开发试验和训练消耗用弹需求。"战备空勤人员预计工具"是一个自动化的计算工具,用来计算空勤人员训练用弹需求。

(四) 弹药工作组(MWG)

弹药工作组是由 AF/A5RW、空军特种作战司令部 AFSFC/S4WL 和 AF-CEC/CXD 等部门相关人员共同组成,由全球弹药控制所(GACP)主持,成立的主要目的是对弹药需求的相关方进行教育,更新各方当前弹药状态,使用准确的武器和弹药数据进行分析,并理解战区作战计划中出现的相关变动。

(五) 战区弹药工作组会议(TWG)

战区工作组是弹药工作组的扩展,不同的战区主持不同的战区工作组会

议,并确保战区作战人员能够参与。参与代表来自作战、情报、计划和后勤部门,他们参加会议并为非核消耗年度分析(NCAA)程序提供战区输入和假设,并被用来确定每个战区战争储备弹药和训练弹药需求以及每架战机的消耗率。

三、空军弹药需求分析流程与方法

(一)空军弹药需求分析流程

空军常规弹药申请流程以《国防部弹药需求程序》为依据,由空军部AF/A5WR领导。其流程参见图3-7。

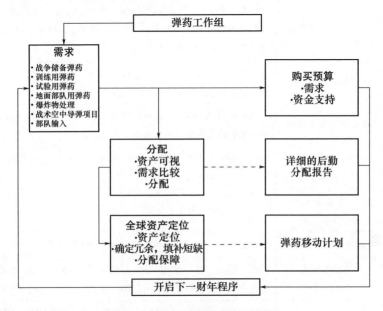

图3-7 空军常规弹药需求程序

空军的弹药需求和预算及分配紧密联系在一起。空军的常规弹药需求每年由AF/A5RW领导下的弹药工作组开启,需求内容由战争储备弹药、训练、试验用弹药、地面部队用弹药、爆炸物处理和战术空中导弹计划用弹以及战术级部队输入需求组成。需求中一部分可以满足的进行分配,不能满足的进行购买预算支持。

空军弹药管理还具有一个显著的特征——将弹药按字母分成不同类别称为分类代号(CAT code),空军的弹药需求预计运用分类代号来确认其应用目的,不能搞混。美国空军弹药分类见表3-2。

表3-2 美国空军弹药分类

分类代号	简单描述	具体描述
A	替换损坏部件	紧急替换其他类别的部件,基于该部件日用或在当前行动中高频使用,货架期或寿命逾期等原因产生的弹药需求
B	地面部队和爆炸物处理部署用弹药	地面部队到达部署地点后,战斗/作战准备用的弹药需求;爆炸物处理用弹药是战时用于保障分类代号D训练用弹来维持部队弹药保障专业性而分配的弹药
C	非消耗性训练和测试用弹药	用于武器装载或组装训练用的弹药,包括配备的系统
D	消耗性训练用弹药	用于对空勤人员、地面人员、安保部队、特种作战部队、战斗搜索与营救以及爆炸物处理人员进行作战和战术评估所用的弹药,使用者需消耗一定的弹药来完成训练
E	测试和研发用弹药	在毁伤开发测试或评估项目中使用、消耗、永久改装的弹药,使用完后即使状态良好也不会回到仓库
F	战争期间飞离弹药	装备轰炸机、战斗机、运输机和特种作战部队飞机所使用弹药,能够减少重新启动和到达部署地点后空勤准备时间
G	非核消耗衍生的战争储备弹药	战斗弹药需求由非核消耗分析程序衍生而来,为每个战区制定了近年和远年的弹药需求
J	F-35系统项目办公室用弹药	F-35联合项目办公室专用
M	预置船储备弹药	被指定储存在海上漂浮预置船上的弹药储备
N	国外军事训练/作战用弹药	预留作国外军售的空军所拥有的弹药,用于支持训练、测试以及美国政府与外国政府签订的协议备忘录中提到的其他行动中使用
P	定位目标用弹药	当储备分配以及下一财年的全球物资定位计划确定后,空军大司令部接收用于支持远年需求的剩余弹药库存
S	补充分配用弹药	没有出现在非核消耗分析程序或储备分配程序中的弹药和相关物资,作为战区一体化作战弹药系统的装载并保持当前库存平衡
T	当前作战用弹药	提供实战条件下和每日行动弹药,包括每日地面保障弹药
U	转移失效弹药	把失效的弹药转移或运输到国防再利用市场办公室
X	前沿存在用弹药	为部署到位的部队提供一段时间的战斗保障弹药
Y	爆炸物处理用弹药	用于分辨和处理爆炸物处理过程中遗留的部件
Z	标准空军弹药包装	预置在标准空军弹药包装指定地点,用于快速部署

(二)空军弹药需求分析方法

1. 基于能力的弹药需求分析模型

空军70%的弹药需求预计使用了基于能力模型,研究对象为空地导弹,主要打击目标为装甲车辆、固定地点、野战部队、地堡等。该模型由四个模块构成,分别为SABER模块、SELECTOR模块、HEAVY ATTACK模块和HEAVY GOAL模块。空军基于能力的需求模型见图3-8。

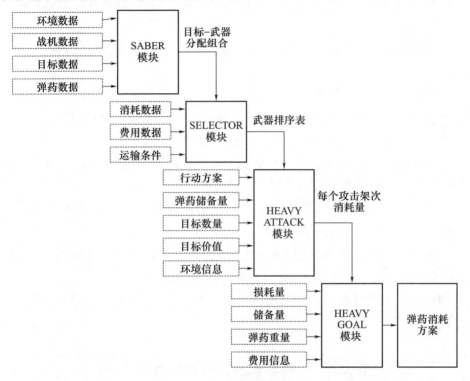

图3-8 空军基于能力需求模型

(1) SABER模块。输入为天气数据、战机数据、目标数据和弹药数据,计算在各种天候下所有战机上每发弹药对抗敌方目标的杀伤效率,以杀伤的有效度输出为所有可能的攻击组合,将该结果传递给SELECTOR模块。

(2) SELECTOR模块。输入为消耗数据、费用数据和运输条件信息,计算费用最低型杀伤武器。输出为费用由低到高的排序表,优先选项为费用最低的武器,将该结果传递给HEAVY ATTACK模块。

(3) HEAVY ATTACK模块。输入首先包括SELECTOR模块中优先使用的武器,还包括作战行动方案、预估的飞机架次、需要摧毁的目标数量、对目标价值随机的评估和天气情况,输出为每个攻击架次消耗量,将该结果传递给HEAVY GOAL 模块。

(4)HEAVY GOAL 模块。输入为每个攻击架次消耗量,还包括后勤系统的损耗量、储备量、战争和动员计划中空军可用的出动架次、每个攻击架次额外的一些消耗量以及弹药的重量和费用信息等,该模块计算了空军基于能力的弹药总需求。运用弹药的重量与费用信息,该模块的输出为战场打击目标需要的弹药数量、费用和飞机的挂载量等。通过与现存库存相减,就能计算出需要购买弹药的数量。

这个模型的优点是它与空军的很多安排保持一致,如零部件、油料、飞行员培训等的计划。

2. 基于目标分析模型

空军 30% 的弹药使用了面向目标的弹药消耗预测方法,这些弹药主要为空空导弹、空地弹药和防空武器弹药。其程序如下:

(1)目标分配。建立敌方目标数据库和己方武器系统数据库,将威胁目标分配至武器系统,输出结果为武器－目标所有可能组合。

(2)消耗量计算。其输入为武器－目标组合、武器杀伤概率、目标属性信息和置信度,输出为弹药消耗量。

(3)储备量研判。如果储备量足够,则为作战消耗量;如果储备量不足,则根据弹药储备调整预测结果,调整后结果为作战消耗量。

(4)计算总的弹药消耗量。弹药总消耗量＝作战消耗量＋损耗量＋基本挂载量。

第五节　海军陆战队弹药需求分析

美国海军陆战队根据《国防部弹药需求程序》指导下,发布了指导陆战队的命令《陆战队弹药需求程序》,根据陆战队特点,规范自身弹药需求分析及提报程序。

一、海军陆战队弹药需求内容

陆战队弹药需求同样包括战争储备弹药需求和训练与试验弹药需求两部分,其中战争储备弹药需求包括战斗需求、当前作战/未来作战需求和战略战备需求。

第三章　美军弹药保障需求分析

陆战队的弹药战斗需求包括装备一支指定的部队完成作战指挥官的作战需求，即在战争中取得决定性的胜利所需的弹药。

海军陆战队与陆军类似，主要依据战争储备弹药需求（war reserve munitions requirements，WRMR）模型来确定其弹药需求。战争储备弹药需求模型是20世纪80—90年代期间弹药需求管理数据库的继承和发展，主要用来计算弹药需求量，寻找和确定作战计划因子。作战计划因子就是在决定性取胜演习计划和迅速击败演习的基础上提取每日的弹药消耗量，以此来确定当前作战/未来作战和战略战备的弹药需求量。战争储备弹药需求模型有两种类型的作战计划因子：一类是"攻击弹药消耗量"，指在高强度作战期间的日弹药消耗量；一类是"维持弹药消耗量"，指在其他作战强度期间的日弹药消耗量。这些作战计划因子可以在确定当前和未来作战的弹药需求和战备部队的弹药需求时使用，综合考虑了部队流、作战节奏、武器效能数据资料以及专家提供的各种基础数据。

战争储备弹药需求定义的目标就是在阶段威胁分配中界定的那些目标。对武器弹药发数的组合是按照自定义的优先选择权和武器弹药发数的有效性做出的。武器弹药的有效性可从分阶段部队部署数据中得到。为了符合现实条件，避免每天弹药消耗超出一个战斗载荷，战争储备弹药需求模型还需对武器弹药发数组合进行调整。弹药消耗量是以每日弹药消耗量为基础进行计算的，作战时的每日弹药消耗量之和就是面向目标的弹药总需求。此外，还要注意每日弹药消耗量会随着战争阶段和所设置的攻击目标的不同而变化，也会随着弹药的可获取性和部队态势的变化而变化。

阶段威胁分配中对特定时段内必须拿下的目标数量进行了规范。陆战队确定出两种不同作战强度下的作战计划因子，因为战争储备弹药需求模型在整个战役过程中并没有对这些目标进行平均分配。模型把一个阶段内所需要攻击的目标分成两个"群"：一个群是高强度作战要攻下的目标（具体数量根据作战阶段而定，通常占到该阶段目标的80%）。高强度作战一般安排在一个阶段的开始或快要结束的时候，时间分配要尽可能的短。当然，还要设置一些约束条件，比如日开火率。另一个群是低强度作战时所要攻下的目标。低强度作战时间段对要求攻下的目标一般进行平均分配。一些因素会导致不能按时拿下目标，例如，敌军的装备经过维修又重新进入了战场。在这种情况下，没有被彻底拿下的目标就被列为第二天的目标，如果在这一阶段的最后一天发生这样的情况，那么这个阶段将被顺延，直到在阶段威胁分配中的所有目标都被拿下为止。

每天使用哪些武器系统是根据分阶段部队部署数据和海军部队态势确定

的。态势是指在战区中,地面作战部队参加作战的百分比。

二、海军陆战队弹药需求管理关键部门

陆战队弹药需求开发分为两部分:一部分是地面弹药需求开发;另一部分是航空弹药需求开发,其中航空弹药需求开发由海军负责,和海军航空弹药需求同步一体开发。因此,陆战队主要负责的就是自身地面弹药需求开发。其需求开发关键部门主要包括负责作战开发和一体化的副司令。

(一)作战开发和一体化副司令(DCCDI)

开发出第五类物资地面弹药的总弹药需求;根据每年库存情况进行弹药充足度评估;向国防部采办与后勤副部长、参联会主席以及相关作战司令部提供总弹药需求和弹药充足度评估报告;开发第五类物资地面弹药作战计划因子,用于作战计划等。

(二)计划、政策和作战副司令(DCPP&O)

向作战中的部队提供优先采购和后续保障;与负责设施和后勤的副司令协调,决定在基于特定威胁作战条件下,冲突后所需的作战能力以及没有支援作战的陆战队所需的能力(实际上就是当前作战/前沿存在需求以及战略战备需求);提供对作战指挥官近年阶段性威胁分配的评估,以确认陆战队的关切点以及确保在近年计划中进行正确的阶段性威胁分配;提供对由参联会 J8 生成的远年阶段性威胁分配的评估,以此来确认陆战队的关切点以及确保在远年计划中进行正确的阶段性威胁分配。

(三)计划和资源副司令

提供初始的计划指南。

(四)航空副司令

提供陆战队航空数据以及作为中间环节保障陆战队弹药需求(航空)过程。

(五)设施和后勤副司令

与计划、政策和作战副司令协调,提供维修数据来支持战争储备弹药过程建模;与计划、政策和作战副司令协调,决定在基于特定威胁作战条件下,冲突后所需的作战能力以及没有支援作战的陆战队所需的能力(实际上就是当前作战/前沿存在需求以及战略战备需求)。

(六)陆战队部队司令

为开发近年阶段性威胁分配,给作战指挥官提供输入信息,对其准确性和完整性进行评审;提供指南(包括阶段协同数据和时间表)以及为作战计划提供按阶段性时间部署的部队数据用于弹药需求开发过程;给作战开发和一体化副司令(DCCDI)提供《美国法典》第10章关于开发国家联合演习项目训练弹药需求;验证登陆部队作战战备物资中第五类地面弹药需求以及根据需要提供更新/变化;提供专业指导来验证输入数据的准确性并支持陆战队弹药需求程序的开发;为作战指挥官提供陆战队近年受限总弹药需求的评估报告,为其提供影响作战的弹药因素。

(七)陆战队系统司令部司令

提供已经部署或即将部署的武器系统及配套使用弹药的性能特征;为项目经理提供开发和测试需求。

(八)陆战队情报部门处长

提供敌方部队武器使用信息和性能、敌方部队信息,根据需要提供地形分析;参与由国防情报局开发的威胁报告中的联合国家部队程序,对威胁报告的完整性和准确性进行评审。

(九)作战分析处

在整个弹药需求开发中提供分析支持。

(十)总部队结构处

通过总部队管理保障系统提供部队结构和装备数据。

三、海军陆战队弹药需求分析流程与方法

(一)陆战队弹药需求流程

美国海军陆战队制定了一套规范的弹药需求程序,详细规定了不同部门在不同时期应做的工作,并形成制度化,弹药需求程序每两年审核一次,保证了确定弹药需求所需数据的完整性,以及确定的弹药需求能够适应时代的要求,如图3-9所示。

(二)海军陆战队弹药需求分析方法

1. 作战需求的计算

海军陆战队的战争储备弹药需求就是作战弹药总需求,即所有面向目标的

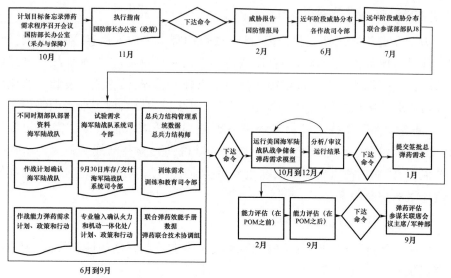

图3-9 陆战队弹药需求分析流程

弹药总消耗量和13项附加消耗量。13项附加消耗量,不是攻击目标直接消耗的弹药量,而是其他一些原因引起的弹药消耗量,如安装引信等。阶段威胁分配中对这13项消耗量做了附加说明,包括作战照明和战术发烟、后方地域安全、自卫、作战检查、试射、后勤损失、爆破、布雷、校枪、掩护、指挥控制、爆炸品处理和辅助项目的弹药消耗量。

战争储备弹药需求模型利用攻击弹药消耗量与维持弹药消耗量作战计划因子来计算当前与未来作战的弹药需求量和战备弹药需求量。攻击弹药消耗量/维持弹药消耗量是用国防部识别码乘以当前与未来作战的武器数量和战略性储备中的武器数量,就可以得到每天攻击/维持弹药消耗率,这个数再乘以攻击/维持开火的天数就可以得到当前与未来作战的弹药需求量和战略性储备弹药需求量。其中,攻击/维持开火的天数由计划政策和军事行动部门给出。

2. 海军陆战队联合作战弹药需求分析方法

海军陆战队用了几种方法计算地面弹药。主要有两种模型:一种是以武器为导向的基于能力的弹药需求预计模型;另一种是面向目标的基于能力的弹药需求预计模型。

这两种方法预测了75%的海军陆战队地面弹药。尽管这两种方法都是基于能力方法的发展,但是它们之间的区别还是比较明显的。

这两种方法都使用了部队数量模型(troop population model,TPM)的输出结果,该模型通过使用作战方案中战斗人员数量参数来计算常规弹药数量。作战想定中外派仅一支经过加强的海军陆战队,通常将作战时间定为180天,经过一系列的作战态势,计算了海军陆战队每种态势下损失人员的比率,人员伤亡累积后,部队战斗力下降,处于一个"需重新构建水平",需要补充新的力量使部队恢复到最高水平。因此,模型计算了战斗中人员伤亡数和存活人数。

1)基于能力——以武器为导向的弹药需求预计模型

以武器为导向的弹药需求预计模型联合了有效作战人员数量和评估存活作战人员在每个阶段每个小时的攻击轮次。后续计算由海军陆战队专业评估衍生。作战弹药消耗就简单地计算为武器数量乘以消耗速率(每天每个小时攻击波次)。该方法计算的总弹药消耗量还包括每种部署的参战武器系统(包括补充武器)的基本弹药载荷。总弹药需求预计量分配到30天的作战周期,并增加后勤保障损耗量。消耗速率通过计算总消耗除以初始部署的武器数量得出。这种方法是一种非常简单有效的计算弹药需求的方法,尤其适合目标数目众多的战场。武器的损耗也被简明地模拟,模型中主要的计算因子包括部队的规模、各种战斗态势的组合、每种战斗态势下的伤亡率、部队重建的水平、每种态势下的弹药消耗率、弹药基本载荷的规模以及后勤损耗率。部队的规模、部队重建的水平以及弹药基本载荷的规模都由陆战队自己定,但是部队重建所需资源没有界定。还有不确定因素包括各种战斗态势的组合、每种战斗态势下的伤亡率、每种态势下的弹药消耗率以及后勤损耗率。陆战队基于能力——以武器为导向的弹药需求分析模型见图3-10。

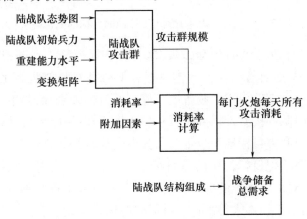

图3-10 陆战队基于能力——以武器为导向的弹药需求分析模型

2) 基于能力——面向目标的弹药需求预计模型

基于能力——面向目标的弹药需求预计模型比以武器为导向的弹药需求预计模型要复杂得多,要通过分析四个主要因子来界定一个所谓的"目标池"。四个因子包括陆战队的部队数量(TPM)模型中的部队损失量、部队交换率、敌方同等大小规模的部队。陆战队基于能力的面向目标的弹药需求分析模型见图 3-11。

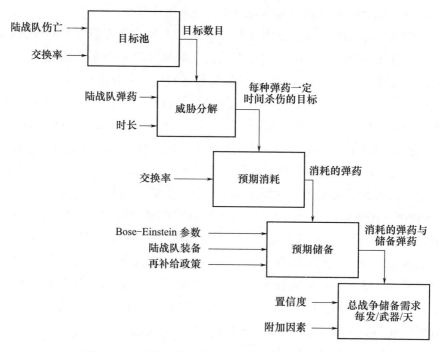

图 3-11 陆战队基于能力——面向目标的弹药需求

首先,定义将遭遇到的敌军部队,这支部队规模能力和陆战队部队对等。假设部队交换率,然后得出在不同作战态势下对等威胁部队的比率,产出了即将面对的总目标。那些由空中装备进行攻击的目标被剔除,剩下由地面部队攻击的目标。陆战队并没有计划摧毁所有潜在目标,而是计算"目标池"中被摧毁的比率。通过对敌方目标摧毁数量来估算出陆战队的伤亡情况。其次,根据作战背景中不同阶段把目标池中的总目标进行拆分。必须用不同的装备来拆分应对这些目标,对威胁目标的拆分是由陆战队专业人士进行判断。敌方目标进行分配以后,运用杀伤率来得出每个目标需要用多少发弹药。总目标数量已知的情况下,就可以估算出总消耗。对于直接火力弹药,还要留出一部分用于计算攻击假目标的消耗。再次,陆战队还运用一个分开的计算方法来评估储备弹药需求。假设敌方目标并不是均匀分布到相同的陆战队装备中,采用 Bose - Einstein 分配模型,根据该模型,某些装备遭遇更多敌方目标,需要更多弹药储备来补充。通常,当最初分配弹药的一半用完之后就需要再补给。最后,计算这种面对威胁目标的总弹药需求,需要确定一个合理的置信度水平,即相信己方弹药在面对敌方目标时足够。这个置信度水平决定了储备弹药需求。还有一些独立的因素决定了武器装备最初分配的弹药,以及后勤损失量。所有这些需求以每天每种武器发射发数乘以武器数量得出基于能力——面向目标的陆战队总弹药需求。

第六节 美军联合作战弹药需求分析流程及方法 SWOT 分析

一、美军联合作战弹药需求分析流程及方法的优势

(一)弹药需求预计流程顺畅

联合作战弹药需求预计是一个极为复杂的过程,牵涉部门众多,需求预计的工作重在平时,才能产生在战时的快速应对,因此美军高层关注的重点在于流程与方法的改进。国会服务中心曾出台报告,指出美军弹药需求分析过程中战建分离、军种各自为政的情况,提出加强联合,提高战区在弹药需求规划中的作用,实现弹药需求分析远近结合的建议,推动国防部和各军种对弹药需求分析流程和分析方法的改进,使流程、方法更加科学合理。国防部从战略的层面提出优化的操作流程路线图,结合军队预算的审批流程,指导各军种以最优化的步骤完成弹药需求提出;军种按照规定的流程完成本军种的弹药需求生成和提报,把平时的建设与快速应战要求结合在一起,使美军弹药需求生成流程能够较为迅速地应对当今复杂的战争环境给弹药保障领域带来的挑战。

(二)弹药消耗数据治理能力超前

需求预计体系构建需要标准,如消耗标准、储备标准等,而标准的构建又是建立在数据积累之上,没有弹药消耗数据的积累,也就没有各类弹药消耗标准和准确的需求预计方法。美军对于数据的重视体现在方方面面,其标准制定能力和数据治理能力超前,弹药需求预计就是作战数据积累之下,通过各种数理

方法产生的成果。美军作战弹药需求预计的依据来源于几个方面:一是历史数据,即历史上有没有类似的战争。如第二次世界大战就可为朝鲜战争提供弹药消耗依据,从而能较为准确地预计弹药需求,但是海湾战争由于战争形态发生改变,沿用第二次世界大战的数据造成弹药需求预计与实战需求产生巨大偏差。又如海湾战争就为伊拉克战争积累不少数据,而当前美军沿用的历史数据主要是伊拉克战争的数据。二是平时训练演习数据。美军有专职的数据收集分析部门,如陆军合成司令部下设专职数据收集分析部门,陆军部队平时训练、演习的所有物资消耗数据都要定期报送该部门,该部门通过多年数据收集和分析,对于作战保障中的重要因子不断进行修正,并提供标准化计算方法。三是友军数据。美军和盟友之间进行数据共享,这些弹药数据也成为美军数据库里宝贵的资源。只有通过这些数据积累,才能为建模仿真等弹药需求预计方法提供"血液",如果没有各种弹药在各种条件下的消耗数据支撑,就很难准确计算弹药需求。从这个意义上来说,美军的弹药需求体系的构建是在数据积累之上完成的。由此,也可以看出其标准制定能力和数据治理能力超前。

(三)弹药需求预计方法科学合理

美军十分重视对未来战场的科学预测,准确的弹药需求预计是弹药保障效能的体现。然而,联合作战弹药需求预计尤为复杂,考虑的因素繁多,可采用的方法也多,如何科学、高效地获得准确弹药需求,已成为联合作战战前首要破除的战争迷雾,这直接关系国家的工业部门如何动员,战时士兵是否能够得到充足保障以及战后有多少剩余弹药需要额外处理。这里的方法指的是弹药需求计算过程中采用的技术性的方法。美军是极其强调工程化思维的一支军队。工程化思维下的目标是在科学提炼方法的同时,通过提炼、归纳和阐释方法,明确其应用原则与规范,使任何经过训练的操作员都有条件正确、一致地使用该方法[14]。找到战争规律,并以量化的方法来建立规则,遵循规律,是美军赢得战争的方法选择。在弹药需求预计方面,美军强调准确性,以数学建模的方法计算出各种作战态势下可能的弹药消耗。同时,也注重方法的通用性,如前所述,海军、空军弹药需求预计方法有基于威胁和基于能力两种模型,以这两种模型为基础衍生出了不少子模型来应对不同的作战场景。美军同时指出,各种模型都有优缺点,没有哪一种模型能够涵盖所有作战场景。因此,尚需辩证看待美军弹药需求生成的置信度水平,没有哪种模型能一劳永逸地覆盖所有作战条件。然而毋庸置疑的是,随着时代发展和装备技术水平提升,美军不断调整作战因子,优化各种方法,使各种模型处于动态适应性调整中。专业人员设计的弹药模型虽复杂,但是真正的使用者——保障人员却能据此快速准确地进行计算。海湾战争后,美军对需求预测数据和计算软件进行了修订和重新开发,在战术需求的计算中,采用了非常简便的公式和操作手段,通过计算软件直接输入条件,使任何经过训练的保障人员能够迅速根据战场态势和保障条件得出结论。可以说,对于需求预计方法精益求精的追求体现了美军在需求生成过程中的科学性和严谨性,相对其他军队来说,美军还有大量的实战数据作为支撑,可信度水平也较高。

二、美军联合作战弹药需求分析流程及方法的劣势

(一)弹药需求生成时间过长,快速响应受限

美军各军种都开发了自己弹药需求预计模型,根据作战特点进行作战模拟,分析所需弹药数量,虽然有其科学性,但是,由于各军种弹药需求生成时间相对过长,耗时耗力。美军陆军弹药需求生成模型最为复杂,整个模型生成弹药需求可达一年半之久,其他军种的模型也基本需要一年左右时间,快速响应不够。这意味着美军至少要在作战前的一年甚至两年之内把各项作战任务规划好,否则难以完成战役级作战弹药需求生成这样浩大的工程。

(二)从需求预计到采购周期长,制约弹药的持续保障

美军弹药采购周期要遵循美国总统办公室四年一定的有关条款和《四年防务审查报告》,导致资金的授权和项目目标备忘录在制度上要以 2 年为一个周期。项目目标备忘录从法律上规定战略层次的弹药采购周期需求达 4 年之久,这种周期对战役和战术级行动的弹药保障造成了阻碍,并且限制了作战指挥官的行动范围和持续行动能力。

(三)武器、环境以及人为因素仍然影响需求预计精度

精准的弹药需求分析一直是联合作战的难点问题之一,即使是战争经验丰富的美军也往往为弹药需求预计所困扰。海湾战争中,美军发现其弹药需求预计居然发生了 45 - 4 = 66 的咄咄怪事。当时,地面部队按照 45 天的弹药需求预计量携带进入战区,挺进 100h 后发现,以当前的消耗速度,剩下的弹药还能用 66 天。战后,大量未经使用过甚至从未拆箱的弹药需耗费大量人力、物力运回国内,造成巨大浪费,受到民众的批评。海湾战争中需求预计与实际应用产生巨大偏差原因多样,据战后的分析有以下几个主要原因:一是新技术极大提高武器生存能力,提高弹药命中精度和杀伤力,使打击目标的精度大为提升,因

而所需常规弹药的使用量就大为减少;二是人为因素,弹药预计人员在运用数据时精度不高,也会导致预计量与需求量之间产生重大偏差,采用的需求预计依据极为老旧,还是第二次世界大战时期的;三是环境因素,除了武器系统的战技性能、自然环境因素,一些其他无法预料的主观因素也影响弹药需求预计精度,如双方士气、作战方式、战斗持续时间甚至运气等。由于存在一些不可抗力因素,也导致美军任何一种弹药需求预计方法的置信度只可能做到接近准确。

三、美军联合作战弹药需求分析流程及方法面临机遇分析

以人工智能为代表技术的发展将使美军弹药需求预计分析更加快速和精准。数据、算法、算力是支撑人工智能技术领域发展的主要基础,当前,大数据技术、机器学习算法技术以及以 GPU、CPU、类脑芯片等硬件算力技术使人工智能技术取得突破性进展。弹药需求分析本身就涉及了大量的算法和繁琐的计算,美军建立的数学模型过去需要很长时间才能完成计算。有了上述技术的支撑,在各种作战因子获取、分析以及计算方面将有机会取得突破性进展,计算模型将更加全面具体,战役级的弹药需求计算将会更加快速精准。同时,在流程设计方面也将更加科学合理,能够不断改进流程中的不合理因素。

四、美军联合作战弹药需求分析流程及方法面临挑战分析

虽然技术进步可以使计算变得快速精准,但从当前到未来,美军身处大国竞争的作战背景之下,大国竞争的复杂性使弹药需求分析更为复杂多变。作战对手占据地利的优势,双方在各领域都具备自己的优势,并存在一定的劣势,战场充满不确定性。如前所述,影响弹药需求预计的因素很多,甚至双方的运气都能在一定程度上影响需求预计结果,这种势均力敌状态给弹药需求预计带来了极大的困难和不确定性,也给弹药保障带来很大挑战。

第四章　美军联合作战弹药保障组织实施

美军弹药保障行动组织实施的阶段划分和联合作战行动阶段划分一致,也分为六个阶段,分别为态势塑造(阶段0)、战争慑止(阶段1)、夺取主动权(阶段2)、主宰战场(阶段3)、维持稳定(阶段4)、建立民事政权(阶段5)。每一阶段的弹药保障行动都有所侧重,有的行动贯穿多个阶段。美军弹药保障与联合作战计划同步进行,在进行计划时强调弹药计划和行动必须有多种预案,应与作战计划和作战行动互补,以此来提高被保障部队完成作战任务的能力。美军作战中弹药保障行动按照计划或预案实施。

第一节　态势塑造阶段

态势塑造阶段(阶段0)作为联合作战准备阶段,其弹药保障活动包括确定支持慑止阶段(阶段1)所需的后勤能力,主要包括正常和例行的一些军事活动。该阶段的弹药行动包括:做好弹药保障人员训练,通过信息系统掌握弹药保障库存状态,通过预置预储等做好战前弹药供应工作等。

一、弹药保障训练与保障人员资质认证

弹药保障训练是提升弹药保障部(分)队弹药保障能力的重要途径。美军认为,弹药行动的计划应始于战前弹药保障人员训练和资质认证。美军各军种负责本军种弹药保障人员的训练和资质认证工作。对于这项工作,各军种都极为重视,弹药部队的领导要负责对其人员进行培训,以达到与军种条令条例中规定的标准一致的要求。为了有效进行资质认证,美军设置了以士官和准尉为主的弹药保障人员的专职专岗。如军事职业专业代码890A为弹药质量认证专业人士(弹药监控)准尉,890B为该专业士官。海湾战争前,美军空军领导人就注意到老兵退伍、专业人员流失严重,会对战争造成不利影响,因而在战前加强了对弹药保障人员的专业培训力度,并取得了明显的效益。海湾战争中,美国空军弹药保障的事故率为零,有效地进行了航空弹药的保障。

二、弹药保障战备

美军部队在战备期间(也称为预动员期间)得到授权使用常规弹药,以此确保随时准备调动和部署,做到能打仗,打胜仗。陆军负责管理常规弹药,使用一个名为总弹药需求流程和优先顺序系统(陆军管理弹药需求、制定优先次序和进行预计的自动化工具)提供所有弹药的分配和授权数据。

弹药保障战备包括一项重要内容即使用弹药管理信息系统中的各类报告工具来监测需求、进行授权、预计和消耗管理。这就要求弹药管理信息系统的使用和管理人员必须对自身所代表的机构的弹药需求和优先次序非常了解,能够在所授权的弹药数量与全部部队的需求之间产生差距的时候正确处理。通常情况下,授权与预计或消耗之间的产生大出入可能是战备不足导致。

美军的大多数弹药采用国防部识别码作为标识。弹药预计是通过国防部识别码、数量和位置来评估一支部队或机构弹药的月度使用量。这个用量是一支部队或机构计划用来支持已确认的日常非战斗行动,包括训练用或试验用弹药。陆军的这些需求是根据当前全弹药管理信息系统预计程序来确定。

为了使士兵正确操作系统和使用弹药,美国陆军武器训练委员会制定了一个弹药标准,被称为《训练委员会标准》,其任务是确定士兵、装备乘员和部队为了达到与战备水平要求相一致,能够熟练使用武器而需要的弹药数量和类型。该标准作为全弹药管理信息系统的一个使用模块,做成了一个基于网络的交互式手册,通过网络访问。该手册的每章都包含一个使用训练设备和武器的策略;图表列出了单兵训练、集体训练以及武器训练的各项标准;包含了应急行动和部署演习的弹药需求,包括在美国本土和海外地区定向演习和战斗训练中心轮训的弹药需求。

总之,美军弹药战备准备特点在于用信息化的方法使各类弹药管理人员和使用人员熟知各种弹药需求如何产生,各类条件下需求如何计算。

三、弹药日常管理

弹药日常管理包括从弹药保障库所申请弹药、接收弹药以及使用弹药信息管理系统监测弹药消耗情况与预计消耗之间的平衡。

美军强调要利用信息系统申请弹药并确认接收,只有在不具备系统连接的情况下才使用纸质的文件清单。弹药管理信息系统通过对比一个单位的弹药消耗与弹药预计来监测每个单位弹药需求预计的准确性。陆军的全弹药管理信息系统能够自动向各自指挥层级的弹药管理人员报告所在部队弹药预计效果。

四、弹药载荷确定

为了便于指挥、计算和组织保障,一些国家军队采用弹药基数的概念规定一定数量的弹药作为一个计算单位,用于弹药的储备、配备、消耗和补充。美军则采用载荷的概念来规范和计量部队需要使用的弹药。美军弹药载荷的概念与某些军队弹药基数概念在内涵上有所不同。美军把弹药载荷定义为专门为弹药行动设计或定制的保障性包装。再往下延伸,保障性包装指的是在战略层面或在战区内,所有标准和非标准补给品载荷组装在一起,是为满足部队的预期消耗或实际需求的补给品包装。这些包装在交付部队后基本无须处理和重新包装,其目的是增加吞吐量,减少处理量。有效使用保障性包装的前提是理解作战态势,并能够在不同的时间节点进行正确的预计,以此来增强后勤保障力量的效能并加速补给品到达消费者手中。弹药载荷通常只包含弹药及其相关材料。由此可见,美军使用不同的弹药载荷类型是为满足特定作战部队、不同作战需求而采取的特定弹药包装方式,在使用过程中也成为计量方式,便于计算。

以美国陆军为例,其弹药载荷分为6种类型,包括基本载荷(basic load)、战斗载荷(combat load)、持续保障载荷(sustainment load)、行动运行载荷(operational load)、战斗配置载荷(combat configured load)和任务配置载荷(mission configured load)。一支旅战斗队通常为每个士兵配备一个基本弹药载荷(发给单兵并由单兵携带),每个建制武器平台携带一个战斗载荷(装载在平台上),每个营由相关的靠前保障连(装载在配送排的车辆上)携带一个持续保障载荷,另一个持续保障载荷由旅保障营的配送连弹药转运待运站分队负责。

战斗载荷是单兵装备、承载车组人员的武器装备或平台及其编制表和指定的装备携载的标准数量和类型的弹药,散装弹药的战斗载荷(如手榴弹、信号弹之类)与武器或武器平台无关,但标明了标准资源码,反映了部队所需的数量。战斗载荷用于作战行动开始的保障,并且是美国陆军战争储存的基本组成部分。弹药战斗载荷可以进一步划分为伴随部队战斗载荷或非伴随部队战斗荷载。特种作战部队(SOF)的武器配置与其他作战部队不同,其弹药战斗总载荷由陆军特种作战司令部与作战、计划与训练副参谋长和后勤副参谋长一起确定,使用经审批的特种作战部队的弹药战斗载荷,来支持联合参谋部指挥的作战计划或应急计划。美国陆军特种作战司令部负责管理特种作战部队特殊的弹药需求。

持续保障载荷是指用于发起战斗并保障部队作战直到获得再补给前所需的弹药。持续保障载荷是每天军事行动载荷需求的汇总，或是总的持续保障载荷需求。持续保障载荷在作战行动开始前就已经下发部队，它最初使用战斗载荷或包括战斗载荷在内的其他多种载荷进行计算；它是在建立交通线之前，根据联合指导下的陆军军种组成部队指挥部最迫切的作战计划或应急计划时间表，为实际在战区的部队计算的需求。因此，它和预置预储弹药相关联。战区内的陆军地面预置库存可分发给交通线未开通前就部署在战区的部队，满足这些部队的作战载荷和持续保障载荷需求。此外，假设陆军战略预置船将是第一个再补给来源，那么船上弹药的发放权限在参谋长联席会议。一旦作战开始，持续保障载荷的补给量是基于在下一批预定的补给物资到达之前，保障部队所需的弹药。作战期间，可以根据国防部标准码的变化看不同弹药消耗情况。很多因素影响持续保障载荷补给量，包括计划任务和作战力量、之前作战消耗和计划消耗，以及现有供应情况。

行动运行载荷是陆军部队进行保障或执行广泛的日常行动任务所需的弹药。例如，爆炸性装置的处置、特殊反应小组行动、某些仪式、露天开采、警卫任务、部队防护、特种作战部队、部署前现场勘察等。

战斗配置载荷是指为保障战区内特定的作战部队而配置的弹药载荷。其实质是根据部队类型、车辆类型、运输设备容量和武器系统提供整发混合弹药包装。为了向特定的武器系统或某支部队提供优化的弹药混合包装，包装中的内容预先就已确定好并根据部队申请在国家级工业基地配置好。如果需要，战斗配置载荷在战区弹药补给所中可重新进行配置，并尽可能地一次性靠前发送给使用单位。如果部队特定的任务和应急行动需要某种特定类型的弹药，也可以订购单一的贴有国防部识别码的弹药载荷。

任务配置载荷是为保障任务部队和任务机构完成特定的任务而配置的弹药载荷。任务配置载荷由战区内为旅以上部队提供补给的弹药补给所进行配置，并根据需要在弹药转运待运站（ATHP）中进行最低限度的重新配置。任务配置载荷尽可能地一次性靠前发送给使用单位。

美军在战前确定不同类型的战斗载荷，其实质是为保证战前部队齐装满员做准备，不同类型的部队参与不同样式的战斗，所需的弹药除了基本载荷和战斗载荷（类似于我军携运行），还要根据不同使命任务携带不同包装载荷。在战前确定好这些载荷，做好弹药的筹措和补充工作，保证部队齐装满员。

五、弹药预置预储

预置预储是美军战略预置三驾马车中除空运、海运之外的另一个战争物质基础。美军通过在指定的地域预先储备一些装备或物资,以备在战时缩短兵力部署时间,增强危机反应能力[15]。第二次世界大战以后,美军开始在陆上和海上进行装备物资的预置预储,其中弹药的预置预储是重要内容。

美军的弹药预置库存包括美国本土库存、海上浮动预置库存以及战区库存。以陆军在全球的弹药预置库存为例,陆军预置库存(APS)能够让部队实现快速部署,可以减少作战初始阶段对配送资源的需求,为建立交通线赢得时间。弹药预置库存对陆军执行弹药保障任务至关重要。陆军预置库存通过陆军野战支援旅直接配送到弹药保障库所。陆军同时通过预置储存弹药和提供其他一些国家级的储存弹药来保障战区作战。

陆军预置库存按地理位置可分为7类:

(1)美国本土库存(APS-1);

(2)(欧洲)包括给盟国的战争储备库存(APS-2);

(3)海上漂浮库存(APS-3);

(4)太平洋和东北亚库存(APS-4);

(5)西南亚库存(APS-5);

(6)南美库存(APS-6);

(7)非洲库存(APS-7)。

按使用途径可分为四类:①部队套装预置。部队套装预置可以分配给多个部队。陆军作战、计划与训练副参谋长(DCS G-3/5/7)与陆军军种组成部队司令部协调制定作战旅装备套装。作战、计划与训练副参谋长(DCS G-3/5/7)计算出1个用于初始作战的作战载荷,加上1个持续保障载荷(相当于1个额外的作战载荷),这就是所有储存在APS-3中的部队套装。陆军部作战、计划与训练副参谋长(DA G-3/5/7)把陆军海上战略预置船需求设定在总共30天的补给来保障陆军最紧张的主要作战行动。对于维稳行动,需要海上战略预置船提供大约15天的补给。目前陆军已将一个装甲旅的配套装备分装在驻扎于印度洋和太平洋的14艘舰船上,海上预置要确保48h内提供装备以应对地区性突发事件的能力。②作战项目。作战项目库存是为特定部队或特定任务预留出来的弹药。作战项目库存需要陆军部的作战部和后勤部书面批准才能使用。批准后,作战项目库存仍保留在弹药补给所或仓库里,直到被批准使用作战项目的部队动员/部署完毕或上级部门下达执行使用作战项目的任务时才发放下去。③陆军战争储备保障库存。陆军战争储备保障储存弹药是指分配或发放部队(取决于陆军司令部政策)以维持作战或保障作战行动直到能够进行再补给的弹药数量。其储存地点具有战略性考量。陆军战争储备弹药需求量应基于威胁、基于能力来进行计算得出目标、杀伤力、后战斗态势。④盟国战争储备库存。该库存是由美国拥有和资助的、为盟军准备的、预置在战区内的战争储备资产。根据美国《对外援助法》中相关条款规定以及现有的国家间协议备忘录,该战争储备资产先被发送到适当的陆军军种组成部队指挥官手中,然后转移至受援的多国部队。第二次世界大战以来,美国在包括德国、日本这样的盟国内拥有大型军事基地和弹药库,并预置多种类型弹药。海湾战争及伊拉克战争时,在科威特、巴林、卡塔尔等国也预置大量弹药物资。

储存于美国本土的弹药(APS-1),包括经陆军部作战部和后勤部批准的为美国本土部队准备的作战项目储存;为每个指定的旅战斗队提供1个作战载荷和1个相当于作战载荷的持续保障载荷,以给常规部队提供早期部署的能力;以及在指定的仓库或兵工厂提供90天的陆军库存。

第二节 战争慑止阶段

这一阶段中,美军认为涉及弹药保障最重要的活动包括预计作战弹药需求、战场需求控制以及进行弹药部署。在战术层面,美国陆军弹药控制程序中用两个速率来表示部队需求与需求控制:需求补给速率(RSR)和控制补给速率(CSR)。弹药保障管理人员以部队基本载荷、需求补给速率和适用于计划及当前任务的控制补给速率为基础来计算弹药消耗量并管理弹药保障活动。

一、预计作战需求

在战术层面,作战部队根据作战任务和指挥官意图提出弹药需求。提出需求是作战口的职能,需求提出通常基于历史经验并用评估工具完成,对于拥有众多弹药型号并作为三军常规弹药的实际管理者的陆军来说,计算弹药需求必须在作战部队的作战部门和后勤部门以及保障部队的弹药计划人员通力协作下完成。保障部队的弹药保障管理人员计算弹药消耗情况并进行保障,美国陆军当前使用一种名为"作战后勤计划"的自动化工具来计算基本的弹药消耗速率。

美国陆军使用需求补给速率(RSR)来计算战术需求。需求补给速率

(RSR)是在指定的时间段内,在没有弹药支出限制的情况下,维持战术行动所需的估计弹药量。为了在特定时期内维持战术行动,各部队通过日份[①]来确定其弹药需求,并提交需求补给速率。需求补给速率表示为每天每种武器的用弹数,或每天、每次任务的大宗批量分配。需求补给速率的计算和传递路径由部队的作战部门或作战参谋逐级向上传递,直至传递到战区层次的军种组成部队指挥官处。后勤部门或后勤参谋协助这一过程。根据历史经验和评估工具,可以使用手动或自动程序计算需求补给速率,当前,美军主要使用"作战后勤计划"这个自动化的软件来计算。但是,即使是有自动化的计算工具,也要根据常识来判断得出的结果是否符合常规。武器密度和作战任务对确定需求补给速率至关重要。制定需求补给速率时要考虑以下问题:

(1)一个平均战斗日与己方部队交火的敌方目标有多少?

(2)需要使用什么样的武器?数量是多少?需要使用什么类型的弹药?数量是多少?

(3)需求补给速率在什么情况下会突然增加或减少?确定目标后的交战优先顺序是什么?

需求补给速率由指挥官制定并提交给其上级司令部。各级司令部门审查、调整和汇总需求补给速率信息,并通过指挥渠道向上传递。随着需求补给速率通过指挥渠道逐级上传,各个系统的需求数量被合并汇总,并以单位时间(每天、每阶段或每次战役)所需的短吨[②]数量来表示。高价值、低密度的弹药,如制导导弹将继续以单种发数的形式表示。这些数字通常包括包装,其总重量和体积大小将有助于确定运输需求。应当指出的是,需求补给速率的计算虽然是由作战部门完成、自下而上提出的,但是,后勤部门必须协助其工作,因为真正进行计算的是后勤人员,他们知道怎么去计算,他们利用手中的计算工具和软件作初步的计算并汇总结果。作战部门的人员需要掌握这个数字是因为他们需要完成作战任务,后勤人员掌握这个数字是因为他们需要确保需求不超出保障能力范围。

美军部队计算需求量和需求补给速率的公式如下:

$$总需求量 = 武器密度 \times 消耗速率 \times 补给天数$$

$$需求补给速率(RSR) = 总需求量/总天数/武器密度$$

[①] 部队的弹药补给通常用日份(DOS)来表示,日份是作为在固定条件下一个测量每天平均消耗的标准。它也可以用一个因子来表示,例如,每种武器每天的用弹量。

[②] 美军计量单位,1 短吨 = 0.9 公吨(1 公吨 = 1000kg)。

二、弹药控制程序

战场的弹药控制程序是依据作战需求来管理有限数量的弹药。美军认为战场的弹药控制程序包括两方面内容：一是确定补给速率；二是通过计算弹药消耗来决定储备目标。

当需求补给速率超过弹药保障系统的能力时，就要使用控制补给速率（CSR）进行控制。控制补给速率是考虑到弹药的可用性、处理设施和运输等条件后，部队需要遵守的弹药消耗率。当弹药供应不足时，控制补给速率较低。除了弹药数量，还有一些因素会限制可用于作战的弹药数量，如弹药储备或装卸能力。陆军军种组成部队指挥官通过比较总的不受限制的弹药需求与现有总弹药资产来确定控制补给速率，并根据能够发放的弹药量确立控制补给速率。指挥官根据任务的优先顺序确定谁接收弹药。控制补给速率通常以每天每种武器系统的弹药数量来表示。陆军战区军种组成部队指挥官向下级指挥官提供每个弹药项目的控制补给速率。根据任务目标、优先级别、预计威胁和弹药可用量，不同部队的控制补给速率会有所不同。指挥官制定控制补给速率并分配给下属部队的指挥官，但应保留一部分控制补给速率，以应对一些突发事件。

战场上，美军计算控制补给速率的公式如下：

控制补给速率 =（可用量 – 安全阈值）/武器密度/消耗天数

显然，控制补给速率是控制弹药战场流向的重要依据。指挥官在制定控制补给速率时需要权衡各种因素，首先，控制补给速率不一定是一个固定数字，不同的部队有不同的控制补给量。如主要行动和支援行动弹药分配，如为后勤节点提供防空掩护的部队获得的控制补给量要高于直接支援机动作战的部队。不一定是主要行动就能获得较高的控制补给量，有些直接支援行动，甚至是欺骗敌军的掩护行动，都能较多地获得某种特殊弹药，只要是该行动对整个行动的结果至关重要。其次，控制补给速率可能比需求补给速率产生的时间还要早，在计划阶段就制订了。如一种特殊型号的弹药数量受限，那么计划人员做计划时就要预先考虑到这些。如果短缺的是地狱火导弹，在计划制订、比较、选择行动阶段，计划制订人员就要仔细考虑能否把 AH – 64 "阿帕奇"直升机作为主要对敌攻击武器。同理，如果 120mm 坦克弹药数量受限，计划选择中就要考虑少用 M1A2 坦克作为主要攻击武器。再次，联合作战的开始阶段，尤其是战场开辟阶段，分发弹药的能力可能受限。这时战场指挥官必须决定后勤系统如何将那些对战场开辟阶段至关重要的弹药进行分发。各军种从自身出发,会发生不少冲突。如空军军种指挥官会把空空导弹的需求放在首位,地面指挥官会把地空、空地、地地导弹的需求作为优先。这种情况下,联合部队指挥官就要听取军种和职能部队指挥官的理由,然后做出决策,分配并利用已有运输资源运送弹药来应对已知的威胁。最后,除了作战的头几天,弹药供给从整体上来说不会短缺。但是某些特殊型号的弹药供给会短缺。每支部队都想要最新的、射程最远、性能最优的弹药,具备增强性能和特殊功效的新型弹药也处于高需求和供给短缺的状况。那些老旧型号的,尤其是已经被指定退出现役,但又服役的弹药谁都不想要。

弹药消耗量根据弹药需求与能力之间对比而确定。计算弹药消耗是为战术级弹药保障库所确定可行的储备量指标[1],从而在有效地武装部队的同时避免在前方过多囤积弹药。

弹药储备量指标是确保战区内的所有训练用和作战用弹药数量在再补给到来之前都能满足需求。正确地计算和坚持储备量指标既可以保证行动自由,也能够减少囤积弹药的风险,节约有限的资源。确定弹药消耗量所需的计划因素包括弹药基本载荷、每日预估消耗率或需求补给速率,以及在拟议或正在进行的作战和作战时间框架内的再补给能力或控制补给速率。

三、弹药部署

美军是一支全球作战的部队,战场一般位于远隔重洋的海外。美军尤为重视部队和装备的及时投送以及到战区开展迅速有效的部署。对于早期的弹药部署来说,作战指挥官和弹药保障人员需要关注采用何种运输方式来投送弹药,卸载港的吞吐量能否满足装卸需求,东道国协议有无限制等。

为了能够在到达联合作战区域后开展有效的作战行动,部队应在弹药基本载荷满载的情况下进行部署。当一支部队按照齐装满员的弹药数量和类型进行部署时,就需要进行初始弹药的保障,以确保成功实施决定性行动。部队部署时所需的弹药量在制订作战计划时就已经确定。

在作战部署的早期和战区开辟阶段,部队投送弹药的能力很可能受限。这时,联合作战指挥员就需要按照类型和数量对弹药进行优先分配。有时,部队部署时间要求紧迫,或是在决定性行动来临之际要求部队立即开展作战行动,

---

[1] 储备量指标(stockage objective)指为维持当前作战行动而在手头保持的作战物资之最大数量。

这时弹药直接从卸载港口滚装卸载或空中投送战区而无须按程序等待卸载、前方集结、定位以及从卸载港配送到弹药转运待运站这一过程。美军强调的滚装作战能力要求部队把战斗弹药载荷直接装机投送进行部署。虽然这种部署方式能够提高机动能力和快速杀伤能力，但仍需要进行多方面评估，首先要确定卸载港口最大承受能力。由于有些港口可能有净爆炸重量限制和装卸处理能力限制，卸货港的吞吐量必须在部署前确定。弹药船到达港口后，为了降低风险，可能会临时关闭港口。其次是战斗车辆增加的额外重量和安全风险可能会对空中飞行产生负面影响，最终影响部署时间。最后要考虑东道国许可和有关豁免的要求。

陆军部队一般携带能维持 3 天作战行动的弹药量进行部署。根据部队作战计划的安排，将在设立的保障补给点进行补给。除了弹药补给部门的配送外，在作战允许的情况下，部队和乘员还能在部队间进行弹药调剂，以达到齐装满员的状态。这些行动可以在弹药补给行动之前开展或同步开展。

第三节　夺取主动权阶段与主宰战场阶段

夺取主动权阶段与主宰战场阶段最重要的弹药保障行动是进行弹药报告与弹药申请补充。弹药报告与弹药申请在作战部队和参与保障部队的持续保障机构中同步进行。

一、弹药报告

弹药报告是美军进行弹药补给的重要依据。美军的弹药报告通过信息系统传递，不仅能迅速而准确地传递到保障机构，而且使作战机构和保障共享当前消耗态势。陆军弹药报告的一般的流程如下：弹药消耗报告由部队补给专家汇总并传送给营后勤参谋（S-4）。营后勤参谋视情与营作战参谋（S-3）和特业参谋（如营火力官、营炮长）共享弹药消耗报告。营后勤参谋根据标准操作程序，利用可用的弹药需求和信息系统申请弹药补给。弹药补给申请通过靠前保障连或旅以上级别弹药部队传递，以便采取行动。同时，各级作战参谋 G-3 或 S-3 和其他参谋人员在其已建立的保障体系中处理弹药库存状态报告，以确保维持共同的作战图像。持续保障旅的保障参谋同时处理弹药的库存状态以及在其已建立的保障体系中的需求报告，维持共同的作战图像，并通过作战命令流程执行弹药的申请和配送行动。持续保障组织机构与相关的组织机构（例如,营后勤参谋和靠前保障连指挥官、作战旅后勤参谋和旅保障营保障行动官(SPO)、师后勤参谋(G-4)和持续保障旅保障行动官共享弹药库存状态、申请和分配状态。所有机构通过他们的指挥链进行垂直报告,见表4-1。

表4-1 弹药行动状态报告

保障机构	行为	被保障机构
战区持续保障司令部和远征持续保障司令部配送管理中心弹药分部	共享弹药库存、申请和配送状态	陆军军种组成司令部或军后勤部弹药科
战区持续保障司令部和远征持续保障司令部的作战部计划科	一起同时计划弹药行动	陆军军种组成司令部或军作战部计划分部
战区持续保障司令部和远征持续保障司令部的作战部当前作战行动科	监控、更新和共享弹药共同作战态势图	陆军军种组成司令部或军作战部当前作战行动分部
持续保障旅保障行动官和配送一体化分部弹药组	共享弹药库存、申请和配送状态	师后勤参谋和师作战参谋
旅保障营保障行动官 SPO 或战斗保障支援营保障行动官 SPO 和旅弹药官	共享弹药库存、申请和配送状态	旅后勤参谋和旅作战参谋
靠前保障连指挥官	共享弹药库存、申请和配送状态,同时计划弹药行动并监控、更新和共享弹药共同作战态势图	营后勤参谋和营作战参谋

二、弹药申请与补给

(一)一般申请与补给程序

旅以上级别的保障机构对作战部队(旅)提供弹药持续保障。美军在旅战斗队中设有旅保障营,负责对作战部队进行伴随保障。旅保障营中设保障行动官(SPO),弹药需求由保障行动官、作战参谋和旅弹药官三者进行协调后确定。弹药需求由每个营的后勤参谋汇总后申请,申请数量依据是基于支援战术行动所需的弹药量。给部队分配弹药的实际数量要依据营提交的申请和控制补给速率(CSR)。

营后勤参谋根据部队后勤态势报告中提供的信息以及从营指挥官和作战参谋那里收到的指导确定弹药再补给需求。后勤参谋整合了整个营的弹药需求,并向旅后勤参谋提交了营的滚装弹药再补给请求。旅后勤参谋汇总弹药需求,并将汇总后的需求传递给旅保障营保障行动官。保障行动官指挥旅弹药官从持续保障旅申请弹药。

旅弹药官负责处理本旅所有弹药申请。首先,他将所需弹药量与该弹药的控制补给速率以及与旅保障营中的弹药转运待运站中的现有库存(如有)三方进行比较,来验证旅弹药申请。其次,在分析当前任务态势、预计/未来任务态势以及作战指导等因素后,旅弹药官要么确认申请,要么与旅后勤参谋以及被保障部队协调,要求其调整申请以满足当前态势。再次,旅弹药官还要确定弹药载荷补给包装的类型和数量,然后将这些需求提交给旅以上的保障机构。最后,旅弹药官根据当前任务、战术情况和运输能力,确定弹药再补给是通过某个适当的弹药转运待运站还是通过前方某个后勤发放点完成。

(二)弹药补给

美军把弹药补给行动划分为常规补给和紧急补给两类。对于弹药补给行动,通过行动前制订多种计划来适应作战时的变化和不确定性。其弹药补给计划种类包括主要计划、备用计划、应急和紧急计划。

1. 常规的弹药补给

常规的弹药补给是指把弹药补给所中的弹药尽可能地靠前配送到前线,也就是美军所称的尽可能地接近部队的弹药的直达配送。通常情况下,弹药箱在卸载港口卸下后会被运送到规模较大的战区弹药补给所,拆开包装后,配置成部队需要的弹药的载荷形式,再发送到前方弹药补给所和弹药转运待运站。常规的弹药再补给既可采用陆路运输方式,也可采用空中运输方式。采用陆路运输时,持续保障旅配送一体化分部确定弹药补给是否来自弹药补给所。如果弹药来自弹药补给所,配送一体化分部将准备一份物资发放命令,指挥弹药装运。弹药装载后,将核实所粘贴的射频标签连同装载的货车和目的地等信息。由于采用了自动运输跟踪系统,弹药管理人员可以有效跟踪战区内所有弹药的运输情况。交付时间和地理坐标位置会转发给接收部队或保障设施点,信息副本提供给旅弹药官、旅保障营保障行动官和旅后勤参谋。旅指挥官或指定代表将保留在旅内转移运输弹药的唯一权力,转移行动要通过旅保障营保障行动官完成;由于地形或敌人威胁限制进入的各种作战环境,可采用空中再补给方式为部队提供支援。空中再补给方式也是历次战争中美军经常使用的再补给方式。如朝鲜战争中,由于复杂的地形和游击队的袭扰,美军就利用空中优势给己方部队投送弹药。阿富汗战争,美国海军陆战队利用无人机在山区投递弹药给士兵。在实践过程中,美军注重投递装备和投递程序的改进。经过多年发展,空中投递装备越来越先进,程序越来越正规,普遍采用吊具装载、空投(通过高速或低速降落伞空投和自由落体(也称为速度球))等方式按照空中着陆程序进行。弹药计划人员必须了解特定弹药对不同类型空中补给方法的耐受性,一些弹药由于对吊具装载或降落伞空投交付具有低容限水平而不能通过自由落体方式配送。

2. 紧急任务的空中补给

对于紧急任务,美军一般采用空中补给方式。但是,美军建议申请部队应在提交紧急申请之前尝试弹药调剂,因为在许多情况下,弹药调剂比紧急申请后等待批准用时更短。进行紧急空中补给通常采用两种运输方式:一种是使用部队(旅)建制的起降能力;另一种方法是使用军用起降资产。通常情况下,紧急弹药申请超出了需求补给速率或控制补给速率,需要陆军军种组成部队指挥部通过战区持续保障司令部或远征持续保障司令部批准。

美军紧急空中弹药补给程序如下:申请单位将紧急补给申请发送给旅弹药官后经旅保障营保障行动官确认申请并将其发送给持续保障旅,后者将请求发送到战区持续保障司令部或远征持续保障司令部。确认后,持续保障旅将申请提交给弹药补给所。旅弹药官将一份副本转发给持续保障旅配送一体化分部。一旦申请获得批准,战区持续保障司令部或远征持续保障司令部将通知师/军/旅后勤部门和弹药保障库所,并指示配送一体化分部发放弹药。师、军或旅后勤部通知作战部,作战部分配作战航空旅执行任务。旅保障营必须提供执行吊具装载操作的设备。陆军航空旅通过行动控制官的协调,接收来自旅保障营的设备,飞行到弹药补给所,并将设备提供给弹药补给所人员,以准备用于吊具装载的弹药。弹药一经离开弹药补给所,持续保障旅配送一体化分部将通知旅保障营保障行动科。在补给完成后,旅保障营将收回吊索装载设备。如果旅保障营无法提供起降设备,师作战部门向军申请。军作战部门批准紧急申请,并指派一个航空旅执行任务。同时,后勤部门与战区持续保障司令部或远征持续保障司令部协调,以便其能够安排适当的弹药保障库所来准备装运。航空旅的联络官与行动控制官及申请单位进行协调。当军后勤部门确认使用军航空设备向某个机构提供紧急补给时,进行保障的弹药补给所负责提供运输设备(吊索装载设备、货网等)将弹药运输至该机构。

可以看出,即使在紧急补给情况下,美军对于设备的管理也是有条不紊,尤其遵循既定的程序来安排操作,避免战时出现因设施设备管理不善造成的混乱。

三、战场弹药管理

战场弹药管理中,美军最为强调的是弹药的存储管理和缴获敌方弹药管理。

（一）弹药存储管理

弹药储存发生在作战的每个阶段,但是需要强调第2和第3阶段的储存。弹药储存是弹药分配过程中的一个连接环节,其目标是在所有作战环境中提供安全、高效的长期和短期野外储存。在某种程度上,几乎所有部队都要执行弹药储存,且大多数防御行动需要预置包括弹药在内的补给品。弹药保障库所是储存弹药的主要场所,由弹药部队负责运转。战区内的弹药库所主要包括弹药补给所和弹药转运待运站,前者由保障部队的模块化弹药部队负责运转,后者由作战部队的弹药分队负责运转,都是对弹药进行短期的储存然后分发给部队,所不同的是弹药转运待运站从弹药补给所获得弹药补给,弹药在弹药转运待运站停留的时间非常短,是作为战场"最后一公里"的补给场所。野战储存场地内的弹药通常存放在未经改善的地面或集结区内的已有建筑物里。野战储存可能受到监管要求的制约,通常取决于安全要求、数量距离要求以及重新装备、再补给和搬迁时间表。

美军认为,在确定库存目标时,各部队将考虑后勤因素,如储存空间和运输能力。

（二）缴获敌方弹药管理

发现的敌人弹药被美军视为过剩弹药,并按过剩弹药处理。按照陆军条例的要求,在战场上发现过剩弹药时有三种选择:一是使用;二是销毁;三是保护并逆行。除了使用之外,所有这些选项都适用于缴获的敌方弹药。缴获的敌方弹药包括所有类型的弹药。按照条例规定,为了确保弹药处理人员的安全,模块化弹药部队在处理任何缴获的敌方弹药之前要得到爆炸物处理小组的专业支持。缴获的敌方弹药必须与美军弹药分开储存,但是须使用适用于美军弹药的相同标准对其进行核算、储存和保护。在对包括缴获的敌方弹药进行的逆行行动中,必须严格遵守美国军用标准的安全政策和程序。当发现敌方弹药储藏点时,指挥官必须通知爆炸物处理人员,并提供关于地理位置坐标、预估数量、型号、种类以及现场兵力规模和类型的信息。爆炸物处理小组需要通过技术情报对敌人的军械弹药物资进行评估。爆炸物处理团队能够在现场获取第一级的技术情报。需要进一步利用的物资要被送到战区内的爆炸物处理高级总部进行二级利用,但是运输过程必须要有安保措施。从现场收集的情报通过爆炸物处理的指挥链条进行处理并传播给情报界。此外,在爆炸物处理部门确定没有特殊危险(诱杀装置、延时装置或武装弹药)后,民用或军用弹药检查员可协助检查储藏场所。所有危险的敌方弹药应由经过培训的人员进行隔离和处置。如果要对储藏的弹药进行逆行处理,则模块化弹药部队的任务是检查、隔离和装载缴获的库存弹药,并用旅以上层级的运输工具来装载并移动被缴获的敌方弹药到指定的弹药保障库所。到达弹药保障库所后,将被存放在指定安全区域中,与美军弹药储存区域分开。即使状态良好还可被利用,缴获的敌方弹药也不能与美军自身的弹药库存混在一起储存。

(三)战场弹药安全管理

战场弹药安全管理指在弹药离开弹药保障库所后,接收单位必须根据条例的有关规定提供弹药的物理安全。由于敌人的抵抗、游击队或恐怖分子不断出现,贯穿于整个作战和应急行动过程中。部队的领导者必须足够重视并制订有效的物理安全计划,以防止弹药被敌人缴获或被破坏。作战行动期间和敌对行动结束后对弹药的物理安全要求与对所有弹药的物理安全要求相一致。弹药部队指挥官必须确保其部队根据法规、指令和战术情况制订了有效的安全计划。

第四节　维持稳定阶段

维持稳定阶段,美军指的是军事行动由作战转向全面努力稳定危机中的国家以及在脆弱的国家中重建国家能力。这一阶段的弹药行动主要包括弹药非军事化处理、维修、弹药预警监控和视情将缴获的弹药返回东道国家。

一、弹药销毁

这是在解除前战斗人员的武装,使其复员和重返社会后对扣押的弹药进行收集并销毁的工作,其间要关闭武器和弹药厂,最重要的工作是销毁弹药。美军把弹药销毁分为"常规销毁"和"紧急销毁"两类。根据当前的战术形势采用不同的销毁方法。陆军要求每个弹药储存点都必须为不能使用的弹药做一个一般性的销毁计划和经济有效的分析。选销毁场所应仔细挑,避免爆炸后产生的碎片、残渣和有毒气体对人员、材料、设施或操作产生危害。有时不可避免地要采取紧急销毁弹药的措施,以防止弹药(友军的以及缴获的弹药)被敌军利用。紧急销毁弹药的权力在指挥官,但该权力也可以下放给下属指挥官。紧急销毁行动必须慎用,因为一旦采用就会造成己方弹药无法使用。因此,美军强调在可能的情况下,应该通过计划和紧急销毁来阻止敌军移动,防止给友军带来危险。紧急销毁的首要任务是对弹药和相关文件进行分类。第二个优先事项是销毁敌人可以立即使用的、对抗友军的弹药,如手榴弹或地雷,以及任何敌人可以应用于他们武器的弹药。另外,出于对环境保护的重视,美军规定指挥官在销毁弹药时必须遵守相关的环境法规。指挥官如不遵守环境法律法规可能会面临罚款和/或监禁的处罚。美国陆军条例200-1《环境保护和增强性保护》提供了指挥官及其下属人员必须遵守的有关环境法律和准则的详细信息。

二、弹药维修

美军认为,弹药维修行动也贯穿了整个作战阶段。维修不仅包括通常人们认为的一些重大操作行动,如全面翻新,还包括一些小型作业行动,如包装和保护性作业。弹药维修不仅针对己方弹药,还包括对缴获敌方弹药进行维修。美军部队弹药维修包括两个级别:一是野战级维修;二是持续保障级维修。野战级弹药维修由弹药部队在弹药保障库所内实施。野战级弹药维修还包括与这一级别有关的弹药监控活动,其主要目的是将库存弹药维持在可接受的堪用状态以便能够立即发放和使用。因此,该级别维修的重点是防止因粗暴操作和露天暴露而导致的弹药状态恶化,并将弹药恢复到可用状态,不需要进行部件的大修、拆卸和重新组装。野战级维修活动包括以下内容:

(1)清洁、干燥和保护单个物品及包装材料;

(2)污点喷涂和重新印制标号、去除锈蚀和腐蚀;

(3)对包括容器在内的弹药物项进行油漆和印制标号;

(4)箱子、容器和板条箱的维修和制造;

(5)提交弹药状况报告;

(6)按照指示对弹药进行非军事化处理;

(7)更换易于拆卸的外部零件和部件,例如包括但不限于火炮和迫击炮弹的保险丝、鼻塞、湿度指示器外壳/卡;

(8)返回弹药检查;

(9)收据检查;

(10)发放前检查;

(11)在装运(逆行)过程中检查包装和装载；

(12)弹药残留无爆炸性证明；

(13)定期检查；

(14)为轻小武器弹药分配本地批号；

(15)确定并分配条件代码；

(16)检查所有分配给旅的弹药是否暂停/限制；

(17)保留在本地储存/管理的弹药的仓库弹药监控卡。

持续保障级的弹药维修通常由陆军装备司令部下属的弹药保障库所实施。这些机构可以部署到军队服务区以执行某些任务。持续保障维修部队负责完成超出部队能力或弹药连能力的那部分维护任务。具体而言，持续保障维修包括但不限于：

(1)去除大量锈渍和/或腐蚀；给弹药上油漆和印制标号；包装箱、容器和板条箱的主要修理或制造工作。

(2)改造/改装包括更换需要使用操作防护物或路障在内的内部或外部部件。

(3)持续保障级弹药维修在仓库级环境中执行。可以根据需要将特定的仓库级别功能向前部署到陆军服务区域以执行某些特定任务。

对弹药的检查和维修是在质量认证专业人士(弹药监控)、军事职业专业代码为890A的准尉、89B的士官(高级领导课程毕业生)和经培训的文职人员的指导下共同完成的。

如果没有质量认证专业人士(弹药监控)，军事检查员和弹药技师将执行与弹药检查和野战级维修有关的质量认证职责。所有维修行动均在经指挥官批准的合格弹药检验员的监督下进行。

弹药部队将按要求进行维修作业，防止弹药进一步恶化。所有拥有弹药的单位，包括使用单位，在弹药部队的技术援助下进行机构维修。

三、弹药监控

美军要求在作战行动的各个阶段都要进行弹药监控作业。弹药监控检查程序为了确保库存中的物资能够符合爆炸物安全要求和堪用标准，进行了适当的分类。经过培训和认证的人员使用统计抽样技术和程序来完成检查。该程序能够确认那些需要及时维护、处置、优先发放和限制使用的物项。

弹药监控活动由质量认证专业人士(弹药监控)控制，他们对在移动、储存和维护操作过程中的弹药及其组件进行检查及分类。同样,他们也检查装备、设施和操作。弹药准尉、专业代号89B的士官(中士或以上)或质量认证专业人士,通过目视检查所有开箱的弹药,以确定弹药及其容器是否堪用。此外,检验员必须对弹药的兼容性和危险情况下的弹药进行检验。

四、归还缴获弹药

在合法的权威机构要求下,弹药计划人员还必须做好准备把被扣押的弹药归还给合法的民事管理机构。对缴获的敌方弹药进行维修可能是归还行动之前的关键步骤。经有关当局批准后,可以将存储的缴获敌方弹药发给当地的维稳军队。

第五节 建立民事政权阶段

这一阶段作战行动已经结束,主要弹药行动包括弹药逆行和重新部署。

一、弹药逆行

美国陆军认为,逆行是物流功能,指装备物资的拥有或使用单位,通过配送系统将物资返回到供应源、被指示的运送地点或处置点的行动。

弹药逆行必须做好计划。计划人员在初始阶段就必须解决作战行动后恢复和逆行弹药。如果想要尽快将人员和装备运回美国大陆或其他战区时,人员、时间、装备和材料变得更加重要。除弹药本身外,在逆行计划中还必须考虑弹药保障库所的操作设备和材料,要考虑到包装材料可以占据非常大的空间。在兵力集结和实际冲突的各个阶段,必须安排将包装材料进行回收和储存。包装材料须回运到中心位置,或者必须将它们存放在靠近弹药补给所附近的分散区域,或具有相应容量的其他区域。实际逆行行动开始之前应该考虑很多因素,如现有的后勤保障条件:设施、运输资产、道路网络、通信要求等。

逆行阶段的弹药也要保持可视性和会计责任,通过使用适当的保障信息系统可以查到弹药的相关记录。如果弹药在自动化系统中没有记录,弹药保障库所要负会计责任。对于受控的、有序列号的弹药更是如此。美军的经验表明,在战争期间会计责任问题会变得比较突出,因此建议应尽可能地保持原包装材料的记录,这样将有助于识别和纠正诸如弹药短缺等问题。为防止造成误识别,逆行的弹药在一般情况下不建议使用敌方部队使用的包装材料。

对于缴获的敌方弹药,弹药质量检验人员或其他具有资质的人员在检查弹药确定其是否堪用后必须给出状态代码,并尽一切努力在逆行过程中尽早提供包装材料,可以使用原包装。如果弹药处于堪用状态但没有批号,可以分配其本地批号。分配批号后的弹药被认为是堪用的。

在逆行行动期间,无法使用的弹药通常被销毁。在销毁弹药之前,责任弹药连必须向持续保障旅申请处置指示。使用部队通常会将确定逆行的弹药返回到给他们提供弹药的弹药保障库所。但是,由于现代战场需求不断变换,部队可能会被指示将已识别的弹药和爆炸物交还给最近的弹药保障库所。弹药保障库所按照指示收集、汇总并运输这些弹药。

二、重新部署

根据美军联合条令,重新部署是转移部队和装备物资,以保障另一支联合部队指挥官的作战需求,或将人员、设备和物资回撤到国内和/或到回收站重新加工或外包处理。在作战结束归还弹药和相关部件后,重新部署成为弹药保障部队的主要任务之一。冲突结束后,必须将发放的弹药恢复到可使用状态。在行动结束之前,领导者必须制订计划,计划重新部署程序。这些计划必须确认是否要根据作战任务要求将弹药恢复到原始包装配置状态。

在完成作战行动后,发放的弹药必须经确认、准备和重新包装、收集、装载和运输。这一系列的任务和环节构成了弹药重新部署过程并与弹药补给系统内的弹药逆行计划相一致。运输或储存弹药和爆炸物进行重新部署时,在战区集结阶段和持续逆行行动期间需遵循相同的预防措施及程序。

由于美军部队经常轮换,当前部队必须计划为下一个轮换的部队部署到位后预留弹药,确保指定带走的弹药基本载荷和未指定带走的弹药必须记录清楚、转移得当。指挥官和工作人员必须计划在整个重新部署期间为部队提供足够的保护性弹药。

第六节 美军联合作战弹药保障组织实施评述

弹药保障行动的实施实际上是按照既定计划执行的军事活动。联合作战弹药保障实施始于计划,计划与实施是紧密结合在一起的有机体。计划是前提和基础,实施是计划的具体落实。美军极为重视计划,认为弹药保障计划能够提升作战部队完成作战任务的能力,弹药保障计划和作战计划必须互补。美军同时要求保障计划要具备灵活性,如果作战过程中产生变数,那么将按备份方案或重新制订计划执行。按照联合作战的 6 个阶段,美军将弹药保障划分为 6 个阶段来计划与实施。由于每一阶段的作战任务不同,弹药保障任务也不尽相同。同时,同一类型弹药保障任务可能并不局限于某一阶段,而是会跨多个阶段。因此,根据各个阶段的保障重点,不断调整弹药保障任务是联合作战中弹药保障活动的常态。

一、美军联合作战弹药保障组织实施是一个闭环过程

美军联合作战弹药保障计划及实施实际上是一个可循环的闭环过程。通常,我们在制订计划时强调的是沿时间轴推进的一种线性的因果关系,在这条轴线上,前一阶段的工作为后一阶段的工作奠定基础,最后达成既定目标。然而,美军通过多次战争实践发现,弹药保障计划和实施需要闭环操作,即从阶段 0 态势塑造开始到阶段 5 建立合法民事政府,美军弹药保障经历从战前准备到战中补给最后到战后重新部署为下一次战争做准备,循环往复,上一次战争结束后弹药保障状态要回到为下一次打仗做好准备的状态,强调的是为全球随时可能发生的战争做准备,弹药保障始终要处于战备准备状态,最后要回到原点状态。这与美军在全球实施的战备轮换制度有关,强调的是为全球随时可能发生的战争做准备,弹药保障始终要处于战备准备状态,上一支部队要为下一支部队留下所需装备物资,包括弹药。因此,最终要回到原点状态。应该说,这是为下一次战争做好准备的最具有效率的方法。且这个环路的各阶段之间主要保障活动衔接紧密,每种弹药保障任务并不局限于某一阶段,可能会跨多个阶段,持续开展,但由于每个阶段保障重点不同,弹药保障任务实施的重点也不尽相同。弹药保障需要按照不同阶段的形势和任务及时调整保障内容,紧跟形势任务和使命要求变化,为联合作战的胜利提供物质基础。

二、联合作战弹药保障是由后勤塑造的作战问题

美军的弹药保障计划使用的是军事决策程序,弹药保障在军事决策程序中的每一步骤都很关键,尤其在任务分析过程中,弹药的准备工作影响到指挥员的决心和对弹药的选择和使用。因此,对于美军来说,联合作战怎么强调适时、适地、适量的弹药保障都不为过。弹药保障已经不仅是个保障问题,而是一个由后勤来塑造的作战问题。这点对任何处于联合作战的军队都有共性的启示,那就是联合作战各级指挥员都要在制订作战计划时充分考虑弹药计划人员、弹

药部队的指挥员对弹药消耗和弹药补给的评估,在任何作战的任务分析时必须把弹药消耗速率和消耗限额等因素计算在内。为了使作战指挥员掌控作战态势,弹药保障计划和实施更应关注整体的作战需求、当前态势、作战变量、弹药保障部队的收发能力以及弹药配送网络的配送能力,以便在后续行动中能够及时有效地调控弹药保障资源和保障力量,为作战提供精确高效的保障。

三、需求预计与配送是美军弹药保障组织实施的两个核心问题

弹药保障任务虽然千头万绪,却也不是杂乱无章,只要抓住重点,很多问题可以迎刃而解。美军在弹药保障方面最为注重两个核心问题:一为弹药需求预计;二为弹药配送。为什么以这两个问题为核心?因其对弹药保障效能影响最为显著。美军强调弹药保障的及时与准确。即在正确的时间、正确的地点提供准确数量和质量的弹药。需求预计得准确或是接近准确是后续配送补给行动开展的基础,也是战前是否要进行应急动员生产等活动的依据。实际上,美军联合作战各阶段中并未过分强调弹药筹措等保障活动,但并不意味着美军的弹药不需要筹措,而是因为其计划性较强,在需求生成阶段就通过 PPBE 系统等规划好了远近期弹药需求数量,生产目标也就确定,各战区分配指标、战略预置预储指标等都已确定。就某个战区的具体作战而言,战区内和海上战略预置存在一部分弹药,其他则由本土通过海运和空运运送。30 年来,美军的对手一直难以和其匹敌。美军的弹药储备数量一直不存在不够的情况(尤其是常规弹药),而是太多,产生浪费,因而导致弹药使用和保障的效费比不合理。美军强调需求预计的准确性不是担心不够,而是担心冗余过多,给回撤行动带来负担。当然,大国竞争下的高端战争对于精确制导弹药的需求预计可能情况刚好相反,不是多,而是不够。在这种情况下,需求预计和配送仍发挥关键作用,精确制导弹药生产多了,给储存、保管及销毁带来极大压力,少了以及配送不及时会影响战局走向。因而,不管对手如何,需求预计的准确性影响着其后的弹药保障效费比,配送的即时性影响着战斗、战役各个关键阶段的进程,最为引起美军的关注。

四、大国竞争条件下弹药保障计划与实施强调灵活性、多样性

战争是人类一项最为充满迷雾的活动,计划从来只是作战和保障的指导,不是一个一成不变的工具。虽然高速发展的技术使战场越来越透明,但不意味着战争的结局就是透明的。未来大国竞争条件下的高端战争,需要在陆、海、

空、天、网电各个作战域展开,作战双方(多方)的卫星、传感器充斥在各个作战域中,某一国完全掌控战场的单向透明已经无法做到,未知因素更多,加剧了战场的不确定性。谁对战场态势变化反应更快、更及时,谁获胜的把握也就更大。因而,作战计划随时可能因战场情势被调整,弹药保障计划也可能随之被调整。美军用 versatile 一词强调计划的灵活性与多样性。需要指出的是,虽然传感器可以感知战争中的物化因素,但是却无法感知人的思维。无论何时,人的智慧始终是战争中最复杂的因素,具有传感器以及机器难以企及的灵活性,人类善于利用技术和工具创造时空优势,不断跟随变化调整计划,占领战争的制高点。因此,要客观看待美军联合作战各阶段的弹药保障计划与实施,关注其重点,观察因技术与体制带来的变化。对任何一支军队来说,未来联合作战各阶段弹药保障计划与实施还会随着战争的发展不断变化,灵活应变、多种应对方式成为克敌制胜的法宝。

第五章　美军联合作战弹药保障关键技术手段

手段的意思是本领;技巧,为达到某种目的而采取的方法和措施,多指运用工具、技术加经验实施[16]。对于弹药保障技术手段,我们定义为便捷弹药保障所采取的各种方法和措施,是科学技术成果在弹药保障领域的具体体现,包括信息管理手段以及为便捷配送而采取的包装、装卸、自动识别技术等赋能方法手段。美军弹药保障技术手段主要包括弹药保障信息系统、全资可视关键技术、弹药包装技术、弹药运输技术以及装卸技术等。

第一节　弹药保障信息系统

以计算机技术为核心的信息技术的迅猛发展,使美军在后勤保障各个领域广泛使用信息系统。弹药保障信息系统是美军进行弹药管理和弹药指挥控制的"大脑与神经中枢"。无论是美军提出的以配送为中心的保障,还是要实现资产可视化等都离不开信息系统的支撑[17]。美军使用弹药保障信息系统,其目的是运用数字化系统进行快速和高效的弹药需求传递、弹药发放登记、统计,以及实现对弹药的可视化管理。

一、美军弹药保障信息系统概况

美军各军种都有自己的弹药保障信息系统,有的军种甚至有多个弹药保障信息系统,有的信息系统由某一军种主建,其他军种共同使用。简而言之,各军种至少使用一至两种信息系统来完成弹药的需求申请、发放以及会计责任等。

（一）陆军弹药保障信息系统使用概况

陆军是美军各军种中拥有弹药保障信息系统最多的军种,由于管理全军常规弹药,其弹药保障信息系统不仅在陆军内部使用,有的系统还为其他军种提供服务,如全球弹药报告系统。当前,陆军内部使用多套系统管理弹药,其中使用最广泛的是全弹药管理信息系统(TAMIS)和标准陆军弹药系统

(SAAS),分别对弹药需求和库存进行管理,并采用陆军 DA581 表格申请弹药。

全弹药管理信息系统是美国陆军作战、计划与训练副参谋长及办公室管理弹药需求、对弹药使用进行优先排序的自动化工具。陆军所有级别的弹药管理部门都使用全弹药管理信息系统来制定和批准弹药需求、处理和验证申请、报告消耗和弹药状态。全弹药管理信息系统是一个基于分层的、可通过 Internet 访问的系统,可以升级,具有集中管理和分散执行的特点,每个司令部可以独立于其他司令部管理自己的弹药。陆军每个有弹药需求的指挥层级都要求有专人管理全弹药管理信息系统账户,系统管理员一般也是单位的弹药管理员。由于全弹药管理信息系统的账户可能被授权进行训练、作战、测试以及新装备弹药测试需求,要求军队信息系统管理人员能在分层组织结构内对用户进行系统分配,处理所有全弹药管理信息系统用户认证和密码的申请,对专业性要求较高,美军对此类人员要求进行专门培训和认证。陆军的全弹药管理信息系统自动向各自指挥层级的弹药管理人员报告所在部队弹药需求预计情况。全弹药管理信息系统的授权报告通过减去从弹药保障库所发出的最初弹药授权来保持年度弹药授权的运行平衡。作战部或后勤部的设施处通常管理这个基于计算机系统的报告。各级弹药管理人员可通过查阅弹药管理信息系统的最终用户手册来获得更多信息。

标准陆军弹药系统是对所有常规弹药进行管理的保障信息系统,用于陆军的弹药库存状态报告。该系统是一个多级系统,为战役陆军提供从战区到作战旅的弹药管理功能,是一个集成了战斗用户、弹药保障库所和战区弹药管理人员三者弹药管理功能的自动化系统。战役级标准陆军弹药系统的架构包括标准陆军弹药系统 – 物资管理中心、标准陆军弹药系统 – 弹药补给所和标准陆军弹药系统 – 弹药转运待运站。它不仅为弹药管理人员提供了优化分配和使用稀缺弹药资源的能力,还能满足战术部队指挥官在部署、重新部署、重建、逆行和机降作战期间进行计划的需要。标准陆军弹药系统可以在个人电脑上运行。标准陆军弹药系统通过使用射频识别技术达到在运途中可视性。同时,它与陆军全弹药管理信息系统及全球弹药报告系统有接口连接。

陆军的第三套弹药管理系统主要实现部队弹药识别码级别的管理,借助全球作战保障系统实现。各部队可以更新其弹药基本载荷,通过资产订购补充弹药,并显示成本。

(二)海军弹药保障信息系统使用概况

美国海军主要使用军械信息系统(OIS)来进行弹药管理。军械信息系统又分为两类:一类是军械信息系统-大宗系统;另一类是军械信息系统-零售系统。前一个系统主要用于海军跟踪弹药需求、资产状况、生产情况、消耗情况、消费情况以及库存情况的信息系统。后一个系统主要用于零售的弹药资产管理和报告。海军使用国防部表格DD1348-1A做记录。海军陆战队的弹药主要分为地面弹药和空中弹药。其中空中弹药(ClassV(A)),陆战队使用的是军械信息系统-陆战队版(OIS-MC),这个信息系统把大宗和零售功能整合在一起。地面弹药(ClassV(W)),陆战队使用的是全弹药管理信息系统,具备对陆战队的地面弹药进行预计、申请、分配以及消耗报告的功能。

(三)空军弹药保障信息系统使用概况

空军使用名为作战弹药系统(CAS)的弹药保障信息系统,这个系统是空军进行常规弹药管理的单一记录系统。在这套系统上使用名为空军68-弹药授权记录的电子表格来向上级申请、接收和报告弹药消耗。

(四)三军通用的系统

全球弹药报告系统由陆军主建,是陆军跟踪导弹登记资产的信息系统,同时也是三军通用的弹药系统。该系统能为三军提供仓库级、零售级、合同商供应和在运途中第五类常规和导弹资产的可视性。该系统从很多弹药及相关后勤保障系统中获得输入信息,为陆军、海军、空军和陆战队提供数据,并对国家级弹药保障能力系统以及联合资产可视系统等联合系统提供数据反馈。

二、美军弹药信息系统运行

美军弹药信息系统被广泛应用于弹药的申请与审批。美军规定,弹药申请与审批需利用弹药信息系统在网上完成,如果出于某种原因(网络中断),不能在网上进行申请,申请部队可以先使用纸质版的申请表格申请,待条件允许后及时上网进行补登记录。

以陆军为例,对于陆军来说,所有弹药数据在战略、战役和战术三个层级,保障部队和被保障部队的指挥官及参谋人员之间进行整合,以完成弹药的配送。其过程涉及所有级别的作战部或作战参谋以及后勤部或后勤参谋、战区持续保障司令部或远征持续保障司令部、持续保障旅、陆军军种组成司令部、联合弹药司令部(JMC)、仓库级的国家供应者、美国运输司令部、在役的弹药保障库所以及部队或用户,以上所有相关方都利用上述信息系统来申请、管理和配送弹药库存。

陆军作战助理参谋长或作战参谋(G-3)利用弹药管理信息系统管理来自下属部队的弹药申请,见图5-1。如果获得授权,作战助理参谋长将通过全弹药管理信息系统传递授权。

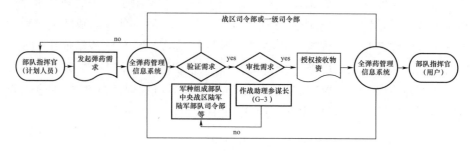

图5-1 部队弹药需求审批示意图

三、美军弹药信息系统的综合集成

美军弹药信息系统综合集成很长时间存在问题。一方面,如前所述,美军各军种拥有众多弹药信息系统,弹药库存也通过这些信息系统进行管理,但是由于军种弹药系统数据交换格式不一样,军种系统之间不能直接进行数据交换;另一方面,国防部没有先于军种的弹药信息系统建设规划,导致国防部在相当长时间内无法迅速第一时间掌握全军弹药信息。面对这些情况,国防部意识到必须从整体上谋划抓总。进入21世纪以来,国防部一直致力于建立一个弹药库存大数据库来实现整个国防部范围内弹药库存的可视性。实际上,从第一次海湾战争开始,国防部就开始寻求建立"全资可视系统"来提供所有十类补给物资的信息。就弹药而言,国防部想通过一个综合多个军种的弹药数据库来提供整个国防部范围内的弹药数据。为此,国防部曾发起一个名为联合弹药管理标准系统的项目,但是该项目很快被取消,究其原因是不能够提供可行的弹药数据资源。陆军后来参与到联合资产可视性数据库建设中,并主导了一个被称为国家级弹药能力(NLAC)的项目,并成功投入使用。国家级弹药能力作为整个国防部范围内的弹药数据存储,从军种弹药系统和其他不同来源收集弹药数据,同时也为国防部决策保障系统,包括国防战备报告系统和全球作战保障系统(联合)提供数据支援。上述两个系统都是作战计划人员所使用的系统,表明保障系统与作战系统之间形成了互联互通。国家级弹药能力和联合作战计划与执行系统以及全球指挥与控制系统(联合)的接口也在进行测试,下一步也将互联互通,见图 5-2。

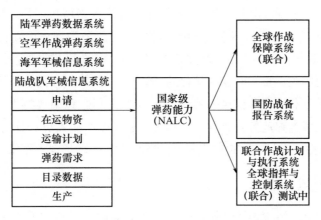

图 5-2　美军弹药国家级能力的数据源和用户图

针对军种使用不同格式的数据问题,国防部早在 2003 年开始要求各军种使用国防后勤管理标准来代替已有 50 年历史的军事标准体系。陆军最早使用新的标准,并建立了一个综合十类补给物资的大系统——后勤现代化项目,但海军、空军更换标准进度推进较慢,一直无法进行数据交换。2013 年,国防部再次重申 2019 年之前完成标准转换工作。转换完成之前的数据交换工作由国防后勤局完成。

从美军弹药信息系统综合集成情况来看,在战略级,美军思路是通过统一数据格式以及做一个加法——建立全军大数据库来综合各军种弹药系统并最终实现与作战系统的互联互通。然而在战术级,由于各军种使用的武器系统不同,使用的弹药种类也不尽相同,导致战术级各军种互联互通性实现困难,尤其在某一军种保障其他军种时。美军也仅是在具有相通性的军种间进行过尝试,如伊拉克战争期间曾在陆军和海军陆战队之间由陆军保障陆战队。然而,随着联合作战的深入,联合弹药保障行动也会日益出现在军事行动中,美军也认为应该在弹药保障互联互通互操作方面多多训练部队,以便在下一场大规模作战行动中实现能打仗、打胜仗。

第二节　"全资可视"关键技术手段

海湾战争中美军存在两个战争迷雾——保障资源迷雾和保障需求迷雾。

由于这两个迷雾使美军掌握不了物资是什么、有多少、在哪里、谁申请了,从而导致重复申请,战后还有8000多个集装箱里面不知装的是什么就直接拉回国内的巨大教训。然而,这并不影响美军运用新技术来解决问题。战后,美军从地方商业企业学习到新技术和新的操作理念,全面采用自动识别技术进行物资可视化建设,陆军为试点单位,以弹药为试行物项,全面推动"全资可视"建设。实现全资可视的关键是实时获取储存的、运输途中的以及在处理资产的信息。而自动识别技术是获取这些信息的关键。毫不夸张地说,以射频技术为核心的自动识别技术已经成为弹药等物资保障的眼睛,能够让作战人员和保障人员看到所需、所申请的物资在哪,有多少,什么时候到,充分体现了现代军事物流的理念。

一、条形码技术

条形码是由一组规则排列的条、空及其对应的字符组成的标记。通过读出器对条形码进行扫描解码,并将数据传输给计算机主机。美军主要使用的条形码包括线性条形码和二维条形码。前者用于识别单件货物,后者可为单件运输和综合运输提供综合性数据。但是由于条形码技术使用距离有限,美军在海湾战争后越来越多地采用射频卡。

二、射频技术

射频技术(RFID)是一种无线电通信技术,通过无线电波能量接收和电磁感应来获取信息。其原理为扫描器(标签)发射特定频率无线电波给接收器,用以驱动接收器电路将内部代码送出,扫描器接收此代码。其实质是信号识别并且可读写相关数据。射频标签通过天线发射的信号激活标签并读取信息,不需要近距离接触,在各种天候下都能正常使用,具有快速读写、移动识别、多目标管理等特点[18]。RFID技术的发展应用和推广是21世纪自动识别行业的一场技术革命。美军在后勤领域广泛使用射频技术,其目的是在获取资产可视性信息的同时大量减少人为操作。伊拉克战争中,美军广泛使用射频装置,大大提升了弹药等关键物资的可视性,时任美军陆军装备部司令保罗科恩将军曾评价"没有一个现有系统能够达到射频标签能提供的可视性,RFID是为联军地面部队指挥部辨认关键货物、进行定位以及预期到达的唯一工具。这个技术是经验证的、广泛使用的技术,联军地面指挥部非常需要它。"

美军弹药领域使用射频技术主要集中在以下几个领域:一是弹药仓储管理。在弹药外包装使用射频标签,当弹药入库时,扫描外包装,计算机系统便可自动记录弹药的名称、数量、所处位置等信息,生成账单。进行库存盘点时,可以快速准确地收集库存弹药各种情况,由于扫描后可以迅速完成数据记录,使用该技术可以大大提高人际交换速度,提升管理效率,而且信息的准确率高。二是处理弹药管理。由于美军的射频识别装置是可视化系统的一部分,可视化系统和其他系统可以互联,各级弹药管理业务部门运用弹药管理信息系统处理弹药的时候,可以实时传递弹药是否调拨、是否出库等状态信息。三是弹药在运状态跟踪管理。作为美军战场态势感知网络中的一部分,当弹药从工业基地出库后,装载了战区移动跟踪系统的运输车辆运送弹药到港口码头弹药保障库所,粘贴射频标签的车辆或弹药与设置在战区的关键运输节点上的问询器配合使用,综合利用卫星技术,可以实现运输途中弹药可视化,监控弹药所处位置和状态,能够有效地驱除战场资源迷雾和需求迷雾。美军在本土和海外战区均建有在运资产可视化服务器。伊拉克战争中,美军后方信息处理中心以不足1000人的数量,通过使用射频技术,达到"全资可视",从而达到保障行动的"全程可控"[19]。截至2017年,美国国防部已建成世界上最大的主动射频网络,涵盖37个国家、1650个读取装置以及530个卫星跟踪系统,能够提供部队的货运车辆以及保障物资在运途中可视性。

第三节 弹药包装技术

弹药包装不是简单的外包装容器,而是弹药与运用环境之间具有多种功能的重要"媒介",其功能直接影响战时弹药保障效率[20]。弹药包装技术的运用主要体现在全面采用标准化的弹药包装标识码,以及相应的外包装和物流支持手段。

一、标准化识别码

美军规定弹药包装或弹药上都要进行标识,标识包括两种:一种是为方便信息系统登记记录的识别码;另一种是从颜色上就可以看出是何种弹药的颜色识别码。主要的弹药识别码包括弹药批次码、联邦补给分类(FSC)、国家库存控制码(NSN)、国防部识别码(DODIC)和国防弹药识别码(DODAC)。当前美军把这几种识别码结合在一起使用用于弹药的登统计记录。不同类型的码可以叠加在一起形成一个通用的各种识别系统能够识别的综合码。

(一)弹药批次码

每种弹药在出厂前都被赋予了整发批次码或物项批次码,美军新版军用标准1168C(MIL-STD)规范了批次标准,见图5-3。

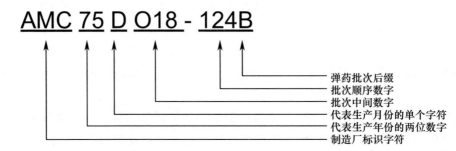

图5-3 美军典型弹药批次系统示意图

（二）常规弹药和爆炸物国家库存控制

每种整发弹药或常规弹药和爆炸物或相关的炸药成分都可以通过自身的国家库存控制码识别。其前4位数字是联邦补给分类码,紧接着是国家物品识别数字,包括2个数字码确定生产商以及7位数字物品识别码。

（三）国防部识别码

国防部识别码包含4位字母数字混合符号,作为国家库存码的最后一部分代表物项的可交换性,见图5-4。弹药部队通常使用弹药和爆炸物的国防部识别码。一般国家库存码后面加上国防部识别码就显示了某种弹药和爆炸物在不同数字和指示标记之间的可替换性。国防部识别码在弹药运输途中被广泛使用,有助于自动识别装置进行物品识别。

图5-4 美军国防部识别码示意图

（四）国防部弹药码

国防部弹药码是弹药和爆炸物的联邦补给分类码和国防部识别码的组合,见图5-5。美国陆军广泛使用国防部弹药码,尤其是在部队使用申请表格581进行弹药申领,以及表格3151-R弹药储存单以及其他关于爆炸物的报告中。国防部弹药码替代国防部识别码来减少爆炸物处理过程中的错误。

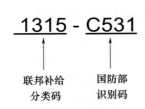

图 5-5　美军国防部弹药码示意图

二、标准化集装化装运

弹药集装化、托盘化保障是提高弹药保障效率和信息化程度的有效手段[21]。美军最早开始研究该保障模式,目前已经形成了相对完善的保障系统,制定相应标准、改善集装化装备结构等。

(一)托盘化装运

托盘是一种活动的平台,主要有箱式托盘、平托盘、轮式托盘、立柱式托盘和特种专用托盘等。使用时将多个弹药包装箱组合在一个托盘上,并用钢带捆扎固定成一个包装单元,形成最基本的流动单元[22]。使用这种方式装运弹药,能够充分利用机械作业,节省人力,大大加快装卸速度,显著提高保障效率。同时,由于托盘结构稳固,可以大大提高装卸过程中的安全性。当前,美军正在推广使用集存储、装卸及运输于一体的托盘装卸系统。该系统由 1 辆卡车、1 辆拖车和 2 个可拆卸集装托架组成,每个托架可放置多个托盘,装载 15t 的弹药容量。且对操作人员要求不高,可快速完成装卸,减少了装卸环节和时间。美军在弹药装运过程中广泛采用托盘化作业,大大提升了装运效率。

(二)集装箱装运

使用国际组织标准化(ISO)集装箱可以大大加快弹药的运输进程。对于远离本土作战的美军来说,作战保障必然涉及运输弹药。美军弹药集装化运输开展时间较早,目前已实现从单件包装到托盘化单元、集装箱装运的整体配套能力转变。弹药可能走海运、空运,到达卸载港口后还要进行陆路运输才能到达基地或弹药库。因此,各种交通运输方式之间、各种工具之间快速转换至关重要。海湾战争中美国空军弹药保障教训之一是没有使用标准集装箱运输弹药,到卸载码头后大大增加了卸载时间,原计划 45 天运到战区的弹药结果花了 55~72 天,延迟了弹药交付部队的时间。科索沃战争中美军已使用标准化的集装箱,所有整发弹药都采用集装箱式卸载方式。在德国的诺丁汉港仅用了 6 天就完成空军弹药的卸载,如果没有集装箱式装卸,那所用时间可能会达到一个月。当前,美军不仅使用标准化的集装箱,更是制定了一系列弹药集装箱运输标准,包括《武器弹药集装箱、货载汽车装运法标准》《内陆和海外运输武器弹药单元货载标准》《集装箱中弹药和爆炸物装载、固定标准》《集装箱组建填充、缓冲、固定、支撑、托盘等附属用品规范》等[23],为规范使用集装箱进行弹药保障提供了法规依据。

三、新材料包装技术

由于许多弹药在储存过程中容易发生外包装受潮,引起弹药变质,美军通过对包装材料的改进来改变包装产生的问题。一是改变容器材质来预防受潮腐蚀。根据环境需要,美军以钢代木,采用金属材质包装弹药,如 120mm 坦克弹以钢质圆筒包装,实现包装的标准化,大大缩短 M1A1 坦克补弹时间,美军 20mm、25mm 弹药系列新包装采用了钢制矩形容器,解决了容器防水和防海洋性腐蚀的问题。二是通过增加涂层、涂料等防潮、防水、防冲击波。如美军的研究机构改进外包装容器,对于纸质的包装采用先进涂覆材料,能够有效防水和防潮。对于防爆,美军研制出填充在包装爆炸物容器内的防殉爆材料,具有能够有效吸收冲击波和减震的作用。三是采用新技术新工艺的防腐涂料。如美军为先进中程空空导弹提供系统的防腐技术,根据不同材料有针对性地进行防腐处理,为高强度钢壳研制 SECOACF−33 等涂料提供阴极保护,而对导弹内部采用阳极氧化和电镀锌层处理[24]。

第四节　弹药运输及装卸技术

对于战场位于万里之外的美军来说,任何物资都离不开运输,运输不仅是其后勤核心职能,还是其以配送为基础的联合后勤保障体系赖以实现的基础。对于弹药来说,从本土将弹药运输到战区特别依赖战略投送的三驾马车——战略空运、战略海运与战略预置。进入战区以后,弹药的快速处理能力影响到战区内配送的速度,装卸能力的强弱也是弹药保障关注的重点。

一、弹药运输技术

(一)海上运输和海上预置

美军90%以上的装备物资通过海运运送到战区。由军事海运司令部负责运输到战区的弹药属于战略运输,主要使用军事海运司令部建制的大型中速滚装船运输船和租用民用商船。对于舰船的伴随保障,由水面部队负责干货/弹药补给舰(T-AKE)以及快速战斗支援舰进行海上补给,被美军称为途中弹药补给(underway transfer of ammunition)。美军"刘易斯与克拉克"(T-AKE)级干货/弹药补给舰的弹药装载能力可达5298t,其主要使命有三:一是在战区港口或海上运输商船上启运弹药,为快速战斗支援舰和其他舰艇进行补给,承担穿梭补给船的角色;二是承担航母战斗群的伴随补给任务,即承担快速战斗支援舰的任务;三是作为海上预置船,承担物资存储和中转的作用。2004—2012年间美军共建造了14艘该型补给舰,并采用商业模式进行管理,运用射频识别等物资识别技术,通过卫星定位以及有线、无线通信方式,能够实现弹药等物资快速定位和检索[25]。近年来,美军越来越重视投送装备机动高速化建设,一般的海运船舶时速33kn,正在研制的高速和超高速海运船舶时速最高可达100kn[26]。

美军的海上漂浮战略预置包括海上预置力量船队,这是为海军陆战队专门预置的战略级补给,在船上装载弹药、坦克、食物、水等。这些船分成了三个海上预置中队,每个中队有4~6艘船,还有专门为其他军种预置的船。每个中队可携带支撑拥有16000名陆战队员30天的各类补给品。还有第四章提到的陆军APS-3战略预置船,包括3艘政府所有的、被称为大型中速滚装船的货船,每艘船的携带空间超过30万英尺(91km)。大型中速滚装船由于船内外都布设了斜道,使得各种轮式和轨道车辆都能轻松上下船;由于配备了船载起重设备,不必依赖港口的起重设备就能进行装卸。除了这种大型中速滚装船,APS-3还包括2艘专门储藏弹药的集装箱船。

(二)空中运输

美国战略空运由美国运输司令部下属空中机动司令部所属空运部队、空军后备队所属空运部队和民航后备队负责。主要型号有C-5、C-17和C-130。C-5最大运载量可达130t,C-17是同时适应战略与战术任务的运输机,最大运载量77t,这两种型号运输机承担着主力战略空运的任务,支援全球范围内的应急行动。

战术运输是战场上重要弹药供应手段,美军在历次战争中都有效使用空投或机降的方式。如在朝鲜战争中为抑制志愿军的攻势,美军一般直接对前线部队空投弹药。现代战场上,除了空投,机降也是重要快速补给方式。机降对地形选择也有一定要求,而空投不需要着陆场。在海上,美军常用的垂直补给直升机有CH-46"海骑士"、SH-60"海鹰"、SH-3"海王"直升机等。

在空中运输方面,美军还研制出远程滑翔精确制导投送系统,用来实施战术持续保障,越过港口、机场码头和地面交通线、弹药补给站等把弹药直接投送到野战部队手中。该系统由一套可携带各种物资容器和公用计算机导航系统的先进导向伞系统组成,可携带 4.2 万磅有效载荷,在高空投放并滑翔 25 英里(40km)后着陆,误差不超过 100m,且安全性较高。

(三)陆上运输

陆上运输包括铁路运输和公路运输两种方式。前者由运输司令部下属地面部署与配送司令部负责,后者是战区内运输的主要手段,从接收港口开始一直运输到弹药补给机构和接收部队手中。美军拥有一支国防铁路货运交换车队,由军队管理,在民用铁路线上运行,装备有载重比民用大得多的重型平板车和一些特种车辆。在战术级别,运输车辆还包括弹药补给所的车辆和被保障部队自身的车辆。一般由被保障部队使用自身车辆到补给所运输所需弹药,有时也采用补给所车辆和工具直接送到部队。车辆类型包括平板拖车、全地形拖车等。

二、弹药装卸技术

美军在弹药保障实际工作中开发和应用各类能够省时省力的工具装卸弹药。美军装卸弹药的平台种类繁多,由此也给弹药保障工作带来一定困扰,因为不同类型弹药装载要么导致在交通节点不断转换不同型号装载工具,要么转换集装箱包装,而且各个节点维护设施的人力成本和处理难度增大,无形扩大了后勤摊子,战时还使大量人员暴露在危险之中。为此,美军把多种装卸平台进行整合,以实现装卸平台通用化。一是更多使用托盘化装卸系统。使用托盘化装卸系统和装卸处理系统平台是为最大限度地减少所需的物资处理设备,减少士兵暴露并增加士兵保护,同时减少后勤足迹。这些物资处理系统利用配置的包装和嵌入式物资处理及升降平台,实现快速、准确和灵活的再补给,最大限度地减少对士兵的需求,加快了持续弹药补充行动,使弹药能够快速到达"散兵坑",并迅速使战斗平台返回到作战部队手中。二是采用兼容性强的接驳装置。对于装机和装船需要不同的货物接驳装置,如托盘化装卸系统是为装机设计,滚装平台是为装船而设计。美军目前使用一种增强型接驳装置,针对装机运输采用以下套件:托盘化处理系统和装卸处理系统的集装箱处理单元;装卸处理系统能够携带国际标准化的集装箱容器;国际标准化集装箱空中部署的滚装平台;飞机接口套件,用于装载和卸载 C–17 或 C–130(也称为滑动装置)上的集装箱式滚装平台;平板箱飞机接口套件,用于飞机装载/卸载更宽的平板箱架。这种接驳装置能使弹药迅速装上 C-17 或 C-130 这样的战略运输机,节省了时间,提高了效益。海上舰船甲板使用的是交叉转接物资装卸系统。三是托盘化系统与信息化系统结合在一起。美军研发了 MOADS-PLS-GPS 系统。MOADS-PLS-GPS 系统是弹药机动分配系统、托盘化装运系统与全球定位导航系统的结合。美军为满足高机动、非线式战场的需要,将弹药机动分配系统、托盘化装运系统、全球定位系统和小型无线电收发机结合起来,弹药运至前方储存地域后,实现托架化,然后用托盘化装卸系统转运,装载弹药的托盘化装卸系统在整个补给过程是全机动的,无须停留在供应点上,它根据全球定位系统提供的位置坐标,将弹药托盘卸在指定地点,随后使用单位即能前往该地点进行弹药再补给。装在托盘上的无线电收发机能对使用单位携带的小型询问装置做出回答,并在使用单位进入弹药放置点 200~300m 范围内时指示出弹药的位置。

第五节　美军弹药保障关键技术手段 SWOT 分析

总体来说,美军弹药保障技术手段信息化程度高、技术含量高,各种技术(工艺)之间匹配性高,保障标准化程度高,引领世界军队建设方向。

一、美军弹药保障关键技术手段优势

(一)弹药申请与审批信息化,加速信息流转与决策实施

信息化战争条件下,相对物质和能量,信息是起首要作用的制胜因素。海湾战争开始,美军向世界演示了信息化战争的雏形,并通过后续的战争完善信息化战争的理论。美军认为,信息化战争是以信息为主导的体系与体系之间的对抗。因此,要在体系中制胜,必须提升战斗力的信息化水平。战斗力的信息化水平通过三种相互关联的途径实现:一是武器装备信息化;二是指挥控制信息化;三是信息化系统的开发[27]。为此,美军开发各种信息系统,如作战指挥信息系统、保障信息系统,通过信息系统聚合能量、自由配置物质与能量,然后通过共享战场态势信息进行协调性的自我组织和配置,后勤保障系统的运行更是如此。开发弹药信息系统和可视化信息系统显然是后勤保障系统中进行弹药配置和信息共享的首要途径,通过这些信息系统,各作战要素能够及时察觉所消耗和所需,并进行快速补充。建立弹药信息系统实际上是以较少的投入获

得了较大的收益,使过去看不见、摸不着的信息呈现在作战人员和保障人员眼前,破除了战争迷雾。当前,美军的弹药保障信息化程度较高,需求申请、库存查询等都通过信息系统查询,弹药的在运、在储、在处理信息也能够通过可视化系统查询,作战部队和保障部队之间可以快速进行信息流转,可以共享战场态势图。战时,指挥员可以通过信息系统快速了解战场弹药消耗情况和保障态势,提高决策速度。近几场局部战争的实践表明,美军在弹药保障领域以及整个后勤保障领域内信息系统的开发提升了保障效能,并成为提高战斗力的有效利器。

(二)弹药包装、装卸标准化、通用化,加速弹药配送进程

信息时代,标准化被誉为现代化的基础,标准化在规范作战和保障、提高效率方面发挥着极为重要的作用,成为推动国防领域科技进步、增强战斗力的重要途径。美军是最早认识标准化在作战中的重要作用,认为"未来战争要成功,靠标准""没有标准化的联合作战是真正的地狱"[28]。在弹药保障领域美军所做的标准化工作主要包括对弹药及包装的品种、尺寸、规格等进行标准化,对弹药的生产、采办过程进行标准化。随着信息化的发展,当前阶段对于弹药保障信息系统、可视化系统的技术、接口以及相应基础设施实施标准化,做到互联、互通、互操作,基础设施尽量使用民用标准。可以说,信息时代,美军保障效能的提升是建立在各项标准统一之上,在弹药保障运输、装卸工具等方面形成了系列化和通用化,在弹药保障信息系统建设方面逐渐向互联、互通、互操作方向发展,加速了由工厂向散兵坑的弹药配送进程,这已成为其保障效能不断提升的内在动因。

(三)弹药保障体系内技术及工具匹配度高,提高体系运转效能

无论是机械化战争还是信息化战争,联合作战弹药保障的核心在于供,能否及时准确、高效地为作战部队提供弹药是保障部队和保障人员的核心任务。对于美军来说,保障体系中的各种技术手段从来不是独立运行,而是有如机器的齿轮一样需要不断磨合,最后有机地铰合在一起,使机器高速运转。弹药保障体系中的运输工具(技术)、装卸工具(技术)、外包装(技术)以及自动识别技术等必须不断磨合改进才能提高供的时效性,达到更加快速、更加高效地保障目标。美军全球作战的经验表明,供的环节要有高效的运输工具跨海越洋,把弹药送到指定地点,速度要足够快,容量要足够大,从而催生了大容量运输机和海上弹药干货船;运输前装车和到达港口后卸货都要耗费大量时间,这一过程

中，如何快速有效地利用装卸工具来装、卸货也成为提高效率的关键，为了节约时间，必然要同时在外包装和装卸工具的磨合上同时下功夫，使两者足够匹配，从而在装、运、卸、再包装、配送等各个环节能够环环相扣。美军就是这样把保障体系内很多看似风马牛不相及的技术手段调和匹配在一起，为整个体系的运转开辟了更为便捷顺畅的通道，最终使保障效率倍增。

二、美军弹药保障关键技术手段劣势

美军是一支笃信"技术制胜"的军队，对技术的痴迷也造成了其弹药保障存在技术上的弱点。

（一）过分依赖数据传输

美军要求所有弹药库存及需求申请数据都要通过网络传递，然而，信息系统的数据传输主要依靠卫星，战时如果卫星受到敌方攻击，易造成网络传输数据中断，弹药将失去可视性，对弹药的指挥控制将造成巨大危害。

（二）战术互联网存在"最后一公里"通信问题

在条件严酷或竞争激烈的地区，战术互联网始终存在"最后一公里"的隐患，受制于当地条件和敌方电磁干扰及破坏，弹药保障在"最后一公里"有极大可能失去可视性。

（三）作战和保障信息未完全相融

弹药保障信息系统还未完全融入一体化的全球作战保障信息系统中，使联合作战的各军种部队无法在战术级做到互联互通，给通用弹药保障以及军种共用弹药的保障带来隐患。同时，如果所有弹药保障的相关方不能处于一个系统内，其保障链上的所有相关方不能直接看到弹药变化信息，需依赖弹药申请方发送抄送信息才能跟进弹药保障领域发生的变化，作战和保障难以实现"一幅图"，造成信息滞后。

三、美军弹药保障关键技术手段面临机遇

进入 21 世纪，人工智能技术的快速发展开拓了弹药保障发展的新阶段。能够给弹药保障带来质的飞跃的技术主要包括大数据技术和算法技术。大数据技术的发展，使人类对数据的获取能力、分析能力和处理能力得到几何级的增长。同时，以深度学习为代表的智能算法的出现赋予了机器或系统"灵魂"。应用到弹药保障领域，取得的军事效益主要集中在以下几个领域：一是弹药保

障需求预计更加准确。数据和算法叠加应用使得人类能够根据趋势预判弹药保障需求,且精确度更高,时效性更强。二是弹药保障决策响应更为迅速。过去,由于获取、传递手段局限等原因,信息数量少、不及时、残缺甚至自相矛盾等问题长期存在,各级指挥官需要凭借战争经验,发挥想象力,反复推演形成判断来进行决策,耗时耗力。有了大数据,使数据发生质变,不同数据之间产生关联,决策者可以比较准确地根据关联形成判断,无须反复推理,节省了决策时间。三是弹药保障配送方式选择更多。由于产生了突破人类形体、生理和心理的无人系统,且随着智能算法的发展,无人系统越来越具备自主性。具有自主性的无人系统将更多地参与到弹药保障配送行动中,在提高弹药保障及时准确度的同时,降低部队保障人员的伤亡率。

四、美军弹药保障关键技术手段面临挑战

虽然技术高速发展给美军弹药保障技术手段发展带来福音,但是同时也给其对手带来机遇,在某种程度上抵消了美军技术进步带来的优势。尤其是中国、俄罗斯等实力相当的国家加速技术领域的创新,在某些领域甚至有赶超美国之势,如中国、俄罗斯在高超声速领域的发展。弹药技术领域的进步给弹药保障实践也带来理论和技术上的突破,使美军过去凭借的技术优势不断缩小。同时,针对美军的技术优势,对手也在不断发展非对称优势,以打击体系中关键环节,破链破网对美军实施精确打击,迫使美军改变作战理念,同时也被迫改变保障理念和做法,但是新的理念和新的保障方式无疑要经过时间和战争的检验,存在着不确定性。

第六章　美军弹药保障发展趋势

进入21世纪以来,技术飞速发展,使战争形态朝智能化方向大步迈进。智能化战争是基于AI、类脑及仿生原理的战场生态系统,是以能量机动和信息互联为基础,以网络通信和分布式云为支撑,以数据计算和模型算法为核心,在认知、信息、物理、社会、生物等多域融合作战,无人为主,集群对抗[29]。这种全新的战争形态,使作战要素构成发生改变并颠覆传统制胜机理。面对未来智能化战争,美军不断运用最先进的军事技术全面推进弹药保障模式的转变。近年来,美军在弹药保障领域内大力推行以信息技术为主导的各种高新技术,正向智能化、无人化弹药保障以及感知与响应的保障目标迈进,涉及保障建设、保障管理、保障组织指挥、保障防卫等所有领域的变革。

第一节　智能化弹药保障

随着以人工智能、大数据等为代表的新兴前沿技术的蓬勃发展,军事智能革命已经加快了到来的脚步。智能化时代扑面而来,战争形态正加速向智能化演变。弹药保障作为军事行动的重要组成部分,智能化的战争必然呼唤智能化的弹药保障。随着大数据、云计算、物联网和人工智能技术的发展,并逐步渗透到弹药保障的各个领域,意味着弹药保障将迈向智能化时代。

弹药保障智能化是以智能为核心,以自动为基础,以物联思维贯穿弹药保障各个节点,打破条块分割,保障行动一体联动,运用智能技术和智能理论来组织弹药保障各项活动,把弹药保障融合为一个有眼能看、有脑能想、有手能动,并且多眼、多脑、多手的智能机器。

一、美军智能化弹药保障的基本内涵

(一)规模化的数据自动采集是基础

信息化战争中,信息的占有量将直接影响决策的正确性。物联网传感器技术的飞速发展,使信息采集的成本急剧降低,规模化的信息自动采集成为可能。

智能化弹药保障模式中,以传感器技术、射频识别技术、全球定位技术、智能终端技术等全面采集弹药保障资源信息、保障需求信息、作战计划信息、战场环境信息、保障行动信息,全面实现弹药保障资源可视、弹药保障需求可知、弹药保障过程可控,数据化作战行动和保障要素,为弹药保障决策提供最大的助力。

（二）智能化的数据精确处理是核心

弹药保障数据的分析处理过程,也是弹药保障决策的过程,保障决策的正确与否,关系着弹药保障工作的得失成败,甚至影响整个战局。虽然美军综合运用传感器、无人机等智能技术,但带来的问题是仅依靠信息技术,已经不能及时高效地分析和处理这些数据。信息化战争中,海量数据的分析与处理逐渐超出人类的能力,甚至会造成系统瘫痪。而依靠大数据等技术进行智能化的信息归类、信息关联和分析处理成为唯一的选择。美军从战略高度看待大数据问题,2010年就出台了《设计数据化未来》的报告[30],推动由数据到决策的项目,而利用大数据的智能化弹药保障模式能够整合海量的弹药保障信息,依托完善的弹药保障标准,突出弹药保障信息的关联性,人机互动把握保障的因果逻辑,在智能辅助决策系统的帮助下,最优化弹药保障方案。

（三）一体化的保障要素联动是关键

信息的规模化采集与处理不仅为弹药保障决策创造了先机,同时也催生了战场弹药保障要素的一体化。要发挥信息感知效能、快速传递信息,就必须把实时的信息采集、智能的信息处理、自动化的弹药保障要素控制系统联为一体,构成一体化的弹药保障体系,从而使"以保障指挥平台为中心"的联合作战转向"以网络为中心"的一体化作战。一体化的保障要素联动,是弹药保障智能决策系统在对各种信息智能化处理的基础上,对保障要素与作战力量之间行动的最优匹配。一是保障要素与作战力量的一体联动,寻求保障与作战的协调统一,满足体系作战能力生成的需要。二是保障要素内部的一体联动,包括横向的保障业务系统之间的一体联动,共同完成保障任务;纵向保障业务系统内的一体联动,快速完成保障基础要素的补充;全域性的保障组织要素一体联动,发挥"聚焦"优势,保障军事行动。

（四）即时化的保障信息反馈是保障

智能化弹药保障模式中,弹药保障动态过程中产生的信息通过手持智能终端、卫星定位模块等及时反馈,真正做到保障过程实时可控。一方面,在作战任务发生变动时,能够在弹药保障过程中及时调整保障任务;另一方面,依据保障过程中反馈的信息对弹药保障决策进行及时的调整、修正甚至更改,保证任务效果。反馈的保障信息应该包括弹药保障的位置信息,全时掌控保障动态;保障资源消耗信息,及时完成弹药补充;保障任务进度信息,适时加派或补充保障力量。

(五)差异化的异常告警监督是重点

物联网等技术在信息化战争中大显神威,必然成为敌人攻击的重点,网络硬杀伤、网络攻防、信息欺骗、战场频谱争夺等一系列新的作战样式产生,对智能化弹药保障模式提出了考验,差异化的异常告警是弹药保障系统智能防卫的着力点。一是弹药保障装备设施的异常告警,智能辨别故障或遭敌摧毁等原因,自动或人工启动备份保障力量。二是弹药保障信息的关联异常告警,通过大量历史信息和关联信息的比对,及时发现错误信息或敌方的虚假信息并告警。三是信息丢失或失窃告警。信息化战争中,信息的安全尤为重要,敌方对信息的窃取也将不遗余力。在信息丢失或失窃时及时告警,智能分辨失窃信息种类,甚至提供失窃线索,能够一定程度地挽回损失或杜绝信息的继续失窃,及时更改弹药保障计划,完成弹药保障任务。

二、美军智能化弹药保障的主要特点

(一)信息集成度更高

智能化战争是一种深度的一体化联合作战,通过军事智能信息网络将战场中的所有节点有机链接在一起,信息力已经成为未来战争制胜的关键。利用军事智能信息网络强大的信息采集、处理和反馈能力,使信息数据在弹药保障过程中高速流通起来,使信息的生成、流转、运用做到快速、精确、高效,极大地提高保障效益,充分发挥信息资源的效益。

(二)资源分配更合理

弹药保障的根本目的是及时有效地满足作战的各种需要,提供适时、适量的精确弹药保障。智能化弹药保障将在保障过程中发挥聚合作用,灵活调配各类资源使其有机融合、配合密切,充分发挥保障效能。在伊拉克战争中,美英联军的弹药保障最突出的特点就是强调用最少的保障资源满足一定的保障需求,真正使弹药保障达到"缺什么补什么,缺多少补多少,何时缺何时补"的精确保障,使保障过程科学合理,最大限度地节约弹药保障资源。

（三）保障效能更高

当前的弹药保障手段已经不能适应未来智能化战争的需要，智能化战争对弹药保障的高效提出了更高的要求。利用智能技术和智能化保障手段，可以使作战人员从繁杂的重复性工作中解放出来，同时减少保障过程的物力消耗。依托军事智能信息系统，可以有效减少从信息采集到决策及实施的时间，极大地提升保障效益。

（四）保障方式趋向分布式

智能化战争作战方式基于兵力、火力更加分散，使敌火力目标选择与打击难度加大，因此通常以"小编队或群"的方式分散行动[31]，必然也催生与之协调一致的分布式的保障方式，对信息获取、快速计算和迅速投送能力提出了更高的要求。要求保障单元能够运行高效、即时补给，会在广阔大洋靠前建立浮动式基地或保障船跟进保障。

三、美军智能化弹药保障的典型场景

（一）弹药配送保障智能化

一是依托物联网、自动识别、自动跟踪等人工智能技术，实现弹药配送的全程可视化，提高弹药配送保障的精确性。利用信息管理系统，依托物联网、自动识别、自动跟踪等人工智能技术，通过部署各类传感器、自动识别标签等，对弹药保障位置的弹药储备量以及弹药的接收、储存和发送过程形成全面感知能力，将战区内的战斗用户和遂行保障任务的弹药配送系统纳入仓库、国家物资控制站、生产厂家和运输系统，共同组成一个智能化的弹药配送保障系统，实现弹药储存、运输、配送的全程可视化，提高弹药保障的精确性。美军弹药运输配送借助于全资产可视系统，利用自动识别技术、自动跟踪技术等，实现了供应链的完全可视，以实时的动态数据反馈取代了繁琐的手工查询，使弹药管理人员能够快速、准确地获取所需相关信息。美军在伊拉克战争中，从提出弹药保障申请到配送到位，最短只需 1h，充分展现了其实时、高效的巨大优势。

二是运用大数据和人工智能技术，使弹药配送体系具备智能分析与决策能力，提高弹药配送保障的效率。在弹药配送保障过程中，运用大数据和人工智能技术，对采集的数据进行进一步分析规律、挖掘数据、做出决策。例如，需求预测、仓储选址、路径优化等，并根据反馈结果完善配送保障决策模型，使弹药配送体系具备智能分析、决策和学习能力，提高弹药配送保障效率。在人工智能技术的支持下,决策将变得更加智能和高效。智能决策是在数字战场平台上,充分分析现有的信息,基于人工智能的理论和方法,给出各类决策的利弊,为指挥人员决策提供支撑。美军在弹药配送保障过程中,部队可以利用车载硬件设备和商业卫星来实现对托盘和集装箱的监控。通过卫星的双向通信对装载弹药的滚装托盘进行控制,通过提供不断更新的自动定位数据,来跟踪运载托盘的野战运输车。基于系统实时采集的数据,能够实现对运输车队的途中调度、行车路线和行车方向进行实时智能决策,也可以使驾驶员实时地向指挥官提出问题和报告有关情况,有效提高弹药配送保障效率。

(二)弹药技术保障智能化

一是利用故障诊断智能检测技术,研发新型诊断测试设备,实现精确制导弹药检测诊断智能化。精确制导弹药检测诊断智能化,即采用先进的模块化电子检测设备,对精确制导弹药进行自动检测,在信号分析和模型建立的基础上,运用人工智能技术,逼真模拟人类思维,着重强调知识处理,有效利用专家知识,从而实现对精确制导弹药故障的智能分析、识别、理解、判断、推理和决策。智能化检测诊断将智能技术应用于状态监测和故障诊断设备中,使其具有人的意识,并具有一定的分析和判断能力,可对精确制导弹药实施不间断的自动化监控、测试、报警和跟踪处理,从而大大提高精确制导弹药保障效率。目前,美国已开始研制、生产和使用精确制导弹药智能故障诊断系统。美军应用的智能型涡轮发动机故障诊断系统和嵌入式智能故障诊断设备,将故障诊断准确率由原来的26%提高到50%,装备保障效率提高了92%。

二是利用智能维修技术和维修手段,开发各类维修决策支持系统和人机结合智能综合维修系统,实现精确制导弹药维修保障智能化。随着电子、计算机、新材料等在精确制导弹药中的广泛使用,精确制导弹药的自动化和信息化程度有了很大提高,与此同时维修费用急剧上升,原有的维修方式已无法适应维修的实际需求,必须运用智能维修技术,能力实现维修保障智能化。精确制导弹药维修保障智能化就是以保障信息为主导,针对精确制导弹药的技术特点和战场环境,充分利用智能化手段,对精确制导弹药进行实时的检测和有效的修复,从而保持和恢复精确制导弹药的作战效能,形成和保持部队的持续作战能力。智能维修就是在维修过程及维修管理的各个环节中,以计算机为工具,并借助人工智能技术来模拟人类专家(分析、判断、推理、构思、决策等)的各种维修和管理。

三是利用互联网、卫星通信等技术,开发建设远程维修信息系统、交互式电子技术手册与数字化维修单兵系统,实现精确制导弹药远程支援保障。

随着精确制导弹药逐渐成为弹药保障的主体,精确制导弹药技术保障问题日益突出。部队人员流动较大,检测维修和技术保障力量薄弱,且经验不够,精确制导弹药一旦发生故障,往往需要弹药研制单位科研人员不远万里赶赴现场,往往几分钟就能维修完成。并且在部分演习中,研制单位维修保障队伍必须跟随,且队伍庞大,不仅影响研制单位新装备、新技术的研发,而且耗时耗力。因此,应用远程支援保障技术提高部队的反应能力和装备的完好率是当务之急。远程支援保障是指利用互联网技术或卫星通信技术、信息传输与数据处理技术,将精确制导弹药各级检测维修信息、检测维修设备、检测维修技术人员等各种技术保障资源连为一体,系统地协调利用各种检测技术保障资源,实现优势互补,目的是提高部队跨区域技术保障能力和战场技术保障能力,以适应高技术信息战争条件下的精确制导弹药技术保障新要求。

(三)弹药战场管理智能化

一是利用 RFID 射频技术和自动化网络技术,提升弹药保障管理信息共享能力,实现战场弹药仓储管理智能化。

在战场弹药仓储管理过程中,仓库利用 RFID 射频技术,扫描设备会对出入库弹药的"身份信息"进行识别,将各项记录在仓储管理系统中的数据实时更新,代替人工记账、填写物资登记卡的传统方式,有效解决"账物不符"问题。另外,储备弹药状态信息,如储存时间、储存条件信息,会通过信息采集设备及时反馈。弹药进入仓库时,智能仓储管理系统将自动扫描识别弹药信息完成清点,并生成存储方案,随后指挥无人叉车、搬运机器人等将弹药搬运入库。仓库管理人员只需借助 RFID 的收发天线和读写器的帮助,即可把弹药的信息记录入库,无须人工干预,数据直接计入电脑。入库后可以由电脑自动分拣,同时 RFID 系统还可以根据弹药装备标签中所记录的有关数量和体积等信息,指示出最合适的库存位置,以达到仓库空间的最优化利用。智能仓储管理系统依托传感器完成库存盘点和弹药质量状态监测,可精确地监控弹药的流动情况,实现库存状况的实时控制。当弹药出库时,智能仓储管理系统根据配送指令生成发货方案,完成搬运后自动扫描,确认无误后发货。

二是利用信息技术和辅助决策支持技术,提升弹药消耗感知、需求预测和筹措采购的自动化水平,实现战场弹药控制管理智能化。在战场弹药控制管理过程中,利用信息技术和辅助决策支持技术,对来自战场各方面的大量弹药保障信息进行快速、有效处理,迅速做出准确的判断,实现对战场弹药消耗感知、需求预测、筹措采购等保障控制管理的智能化水平,实现战场弹药的精确化保障,提高弹药保障效益。利用扫描器、射频标签、条形码、数据库或战术互联网,实现对弹药数量、状态、种类、位置与运输过程的精确动态管控;利用信息网络技术跟踪监测武器装备系统对各类弹药的动态需求,将所需弹药及时、准确、快速地送达作战单位,实现弹药供应与补给的精确化。运用以信息技术为核心的高技术手段,精细准确地筹划和运用弹药补给保障力量,在准确的时间、准确的地点为作战部队提供数量准确、质量高效的弹药保障,使补给保障的适时、适地、适量实施达到尽可能精确的程度,提高弹药保障效益。

第二节 无人化弹药保障

事实上,无人技术的使用也是智能化的显著特征,美军对无人技术十分重视,美国国防部"第三次抵消战略"的核心技术领域就是机器人、自主性和人机学习。美国国防部2013年就发布了第7版无人系统路线图——《无人系统下综合路线图2013—2038》,着力解决制约无人系统大规模应用的主要技术和政策问题,提出包括保障在内的多个领域的技术愿景和政策行动战略。在弹药保障过程中,这一技术的使用更加有效,笔者将其单独列出阐述。无人技术主要包括无人平台和机器人。

一、美军无人化弹药保障的主要特点

(一)保障更安全

首先,无人化装备和运用无人化装备进行保障符合作战和保障中对零伤亡的要求。美军的防务专家曾指出"终极的目的只有战争、没有伤亡,即便达不到这个目标,也要把那些枯燥而危险的任务尽可能让机器人承担,尽量保护美军士兵的安全"[32]。实际上,无人系统优势明显,已被证实适合从事危险而枯燥的工作。其次,无人机可低空飞行,躲避雷达,加上可以远程控制乃至无人操控,具有抗辐射、抗生物和化学武器攻击的特点。最后,指挥和补给上分散实施,没有中心化的供敌人打击的指挥部和后勤中心,因此更加隐蔽安全,可以减轻对指挥机构和后勤补给机构的防卫压力。

(二)补给周期更短,反应速度更快

无人机可以沿着不安全交通线投送小型轻量的弹药物资,对于分布式作战中急需补给的部队非常有效。如美军在阿富汗战场多是山地,士兵部署分散,

采用传统补给方式效率低下且易受游击队袭扰安全得不到保障,采用 K-Max 无人机 3 年为海军陆战队运送达 2000t 包括弹药在内的物资。

(三)伴随保障能力更强

和人类携带弹药的能力相比,采用无人化装备如无人车、机器人携运行弹药载重大、速度快、机动性好,可大大增强保障能力,尤其是增强山地等崎岖道路上的弹药携运行能力。美军的"大狗"机器人可以满载弹药等物资跟队前进,跟进到一般车辆无人行驶的地方。

二、美军无人化弹药保障的典型场景

美军在弹药配送组织实施过程中,借助无人化弹药配送保障装备,如无人仓、无人机、无人车、机器人等,形成强大精准的自动执行能力,在提高弹药配送保障的能力的同时,还能够实现非接触零伤亡、拓展新的能力空间、延伸保障触角[33]。

(一)无人机弹药补给

运用无人化装备可有效解决战场物资弹药配送"最后一公里"问题。特别是中小型无人机,在山地作战和特种作战弹药配送中作用明显,其短距垂直起降、速度快、定位准、成本低,在偏远或交通中断地区、核生化沾染地区、陆地与海岛等地域执行运输投送任务具有得天独厚的优势。2009 年,美国海军陆战队战争实验室就提出了后勤专用无人运输机的需求,对运载包括弹药在内的各类作战物资提出了技术规范,并在阿富汗战场得到实践验证。阿富汗山地地形和敌情使得当地驻扎的美军必须依赖空中补给,由于随身能携带的补给品有限,士兵的巡逻距离受到限制。当部队急需弹药时,需要抢占制高点等待直升机或低空补给系统,而且如果采用有人直升机需防止被敌方击落,这种条件下无人机补给的优势凸显。美国驻阿富汗海军陆战队采用 K-Max 无人货运直升机运输,该直升机吊挂能力为 2720kg,能昼夜执行货运投送任务,3 年为海军陆战队运送达 2000t 包括弹药在内的物资,大大减少了危险环境下补给车队的卡车数量。此外,2018 年 5 月,美国海军陆战队在加利福尼亚州空地联合作战训练中心组织的实战演习中,运用已装备部队的 TRV-80 型无人机对"受困"敌后的特种部队进行有效的补给。

(二)无人化伴随保障

美军还采用无人化运输车辆和机器人对部队实施伴随保障。如陆军的"破碎机"无人运输车能携带 3628kg 装备对部队实施伴随保障。该款无人车辆几乎能在任何坡度爬行,能高速穿越树丛、岩石、树桩和地沟等不平地形。美军还研制了一款"大狗"机器人,以配备部队,可在交通不便的地区为士兵运送弹药。美军无人化伴随保障的另一个明显趋势是采用单兵外骨骼增强士兵的携运行能力。单兵外骨骼系统可助力士兵携行并承载负重。2010年美国雷声公司推出了升级版XOS2全身助力外骨骼穿戴,轻松将90kg的重物举起几百次而不会疲劳。DARPA的外骨骼计划目标是让普通士兵变成可以更高更快的超级士兵,并开展了"勇士织衣"的项目,可将人体跑步的代谢降低5.4%,减少因长时间走路造成的新陈代谢负担。

(三)地雷、未爆弹排除无人化

无人化技术同时提升战场地雷及未爆弹药探测、排除的安全性,实现战场地雷及未爆弹药探测排除智能化。在战时,敌人通常在机场等重要交通枢纽布雷,快速扫雷排雷已经成为作战急需解决的问题;另外,由于战场多处于高山、海岛、林地、沙漠等地形地貌复杂多变的地域,开展复杂地域的未爆弹药探测排除已经成为战场弹药管理的一个现实而紧迫的问题。早在2009年,美国陆军训练与条令司令部就发布了《机器人战略白皮书》,定义军用机器人的范围包括无人驾驶地面战车和无人驾驶飞行系统,并指出使用机器人的目的是协助陆军减少危险,发展先进机器人来处理危险任务如排除未爆弹等。现阶段美军的地面机器人主要功能之一就是安装、拆除和引爆地雷或各种未爆弹。其工作原理是探测排除智能化,就是应用精确定位技术和无人智能化探测定位技术,使探测由盲探进入精确定位无人化操作的新阶段,通过无人化、智能化全天候探测平台实施未爆弹药探测;通过信息自动化系统,将疑似未爆弹药区域信息进行处理,经过专家系统辅助决策,传递给排除系统,然后使用排除系统实施未爆弹药排除作业;最后,排爆机器人或者工兵按照提示,及时正确选用相关探测技术实施探测作业。

美军研发了比较全面的地面机器人型号用来排雷及排除未爆弹,如研发和使用了一种名为"豹式"的排雷车,用于机场排雷。实际上是将M60坦克改装,去除炮塔,底盘加标准机器人系统用来探测排雷。美军还研制了一款"魔爪"排弹机器人,能够"嗅"出化学与放射性物质,并改造该机器人将三维图像替代二维图像,使用机器人拆除爆炸物并做到在偏离无线电范围后能自动归位。美军在波斯尼亚曾使用该款机器人成功地排除过手榴弹,在阿富汗和伊拉克也执行过2万多次任务。美军还研制一种扫雷型"骡子",可以用来探测雷区、清理雷区。

三、美军无人化保障的发展愿景

美军在实战中开展无人化保障已有 10 多年的历史,这 10 多年中,技术还在不断发展进步,美军紧盯未来,制定关于未来无人化发展路线图。2017 年,美国陆军训练与条令司令部发布了《美国陆军机器人与自主系统战略》,描述了如何将新兴技术融入陆军部队未来组织架构。规划无人系统发展近、中、远期目标。近期(2017—2020)目标是利用自动化地面补给系统提升保障能力,通过爆炸物处理机器人提高部队生存能力等;中期目标(2021—2030)是通过外骨骼系统提高步兵负荷,通过无人战斗车辆和先进有效载荷提高机动能力;远期目标(2031—2040)是利用自主空中物资投送提升保障能力。对于通信方式,陆军在 2020 财年后建设发展目标是开发"下一代网络"(NaN),该网络将少用"人员对人员"的通信方式,多用"机器对机器"的通信方式[34]。显然,无人化建设目标是由有人控制到半自主即有人和无人的协同直到最终的全自主保障。

第三节 "感知与响应"式弹药保障

进入 21 世纪第二个 10 年以来,美军提出多种作战新概念,引领保障领域的变革。陆军提出"多域战",后改为"多域作战";海军提出"分布式作战",美国国防高级研究计划局提出"马赛克战争"概念,这些概念带来的共同特征是作战分散,甚至跨域分散,给保障带来了全新挑战。如马赛克战争就是基于分散的多域指挥控制节点,有人、无人低成本系统快速组网,来应对复杂的战争局面。面对这种分布式作战带来的保障问题,如补给线分散且拉长,美国著名智库战略与预算评估中心的研究人员表示,分布式杀伤概念的成败取决于保障[35]。虽然美军没有以新的概念命名保障方式,但是与此相对应的保障方式是"感知与响应"式保障。当然,这里的"感知与响应"式保障与美军 2004 年提出的感知与响应式后勤并不完全等同,是对 2004 年提出的概念的进一步发展,这是由于技术的发展,特别是智能化技术的发展,使"感知与响应"式的保障内涵发生一定变化。

一、美军"感知与响应"弹药保障的基本内涵

(一)以传感器和算法为核心的保障

传统保障是携带大量弹药物资的伴随保障,而"感知与响应"式的保障要面

对来自广阔作战域内整个网络的需求,既需要及时感知需求,又需要快速计算需求,因此对传感器系统以及算法的要求极高,整个保障体系要依赖于传感器和算法的支持,是智能化的战争的核心,算法越快,就越能做到快速及时的补给。

(二)去中心化的保障

不论是多域战、分布式作战还是马赛克战争,其保障领域的实质是以分散的、去中心化的保障方式来适应部队分散的部署方式,提高己方战场生存率,并实现保障的灵活性和弹性。美军认为,过去那种大规模的前沿基地或保障基地预置容易受到敌方攻击,已经不适合分布式作战的需要,保障也需要采取分散的预置,以提升作战保障的灵活性、适应性和战场生存能力。

(三)动态自适应的保障

"感知与响应"式的保障是以网络为中心的保障。供应网络上的任何节点都可能成为需求源,也可能成为保障源[36]。美国陆军认为,最佳补给链(网)是保障需求交织而成的马赛克,这就与 DARPA 提出的马赛克战争有异曲同工之处。马赛克的拼接特点使所有保障都能动态适应作战,保障网络具有很强的分析能力,对实时信息做出自适应反应。

二、美军"感知与响应"弹药保障的运行分析

(一)感知

无线传感器网络通过监测发现某一作战区域作战力量的弹药处于缺乏状态或作战力量直接呼叫,保障人员通过全球作战保障系统查询附近战斗部队、保障部队或其他保障力量看是否能够就近提供弹药。

(二)响应

不仅相关单位或作战途中建立的保障点都可以作为保障节点做出响应就近提供弹药保障,可以自动回应,弹药管理信息系统可根据距离、任务优先、运输工具等情况进行排序,提供保障地点或保障单位。

(三)实施

保障可以在两个单位之间点对点实施,也可以靠前补给,如在分布式作战概念下,空军飞机补充弹药方式发生改变,不需要返回机场补充弹药,可以利用

公路、小机场、被毁基地作为机动前沿挂充点(M-FARP),需要重新挂弹的飞机可以就近寻找机动前沿挂充点迅速补充弹药。海军可在广阔海域建立更分散更安全的海上浮动基地,可以利用环礁建设临时和半临时海上基地,更多使用远征海上基地舰等作为弹药等物资的配送中心。当附近有作战保障的需求时,这些保障节点可以快速就近补给。

(四)力量运用

由于智能化及无人化技术的发展,作战力量可能构建为马赛克那样功能各异的小单元,然后再根据作战任务进行拼接,搭配成一个形状、颜色大小合适的大马赛克。保障力量也可以采取这种方式,尤其是无人保障力量的使用更使保障单元的拼接成为可能。无人保障力量不受地域环境、作战时间的影响,可全天候待命、全时空出动,作战单元在需要进行保障的地点进行呼叫,附近的保障单元可以随时组合在一起进行应召式的保障。可以采取全无人保障方式、有人无人协同保障方式进行拼接组合。无人方式也有多种组合,如无人机、无人舰船、无人车、机器人、无人飞艇与无人潜航器等。

三、美军"感知与响应"弹药保障的发展动态

(一)发展蛛网式保障概念

配合美军"多域战"概念,美军又提出"蛛网式持续保障概念"(Spider Web Sustainment)[37]。这是一个把新老保障方法结合在一起综合运用的保障方式,类似于美军"感知与响应"的概念,它把保障模式、保障节点、路径和供应商结合在一起组成一个大网络,既有部队自我保障,还有精确配送、远征持续保障、企业资源利用等。其实质是采用协作方式、运用强大投送能力和多方资源对广阔地域的部队实施精确保障。这种保障模式下,各保障力量既独立又互联互通,指挥官在蛛网式网状保障网络里能够对保障力量结构进行必要调整,开发整个战场流动的持续保障任务指挥的方式和方法。

(二)加强远征持续保障

按照美军的设想,"多域战"和"分布式作战"模式下美军不再享有静态的前线作战基地以及钢山铁海式的保障物资,保障力量机动而分散,美军持续保障的节点不仅在陆上,而且存在于多域。要达到"感知与响应"的状态,并实现更远更强的持续保障能力,必须对战略运输、预置预储与海上基地协作能力进行投资。除了海军,陆军也在开发轻型机动保障船,空中发展联合战术自主航

空再补给系统,把海上、空中、陆地的保障平台、节点、网络结合在一起,可以实现为分散部队提供需求点的精确再补给能力,实现当前半独立保障。

(三)调整保障训练方式

美军后勤领导人认为保障人员需要建立新的保障思维,改变训练理念和方法。重中之重是需要培养能在不断变化的环境中持续保障的计划人员、领导者和士兵。虽然人工智能发展到一定程度,但是当前仍是由人主导主要保障任务的阶段,对人的培养始终占主导地位。美军正在各种演习、战斗训练中心和其他合作训练活动中严格培训保障人员,使其适应网络化和分散条件下的保障,并提高保障技能。外骨骼等穿戴技术的应用,能大幅提升单兵的弹药保障能力,也成为当前美军应用研究及试验的领地。保障人员通过培训不断适应未来作战的发展,利用新兴技术,利用网络提高保障能力,并适应在广阔的地域内进行快速、精确的独立以及半独立式保障。

第四节　美军联合作战弹药保障发展趋势评述

21世纪,随着人工智能(AI)技术的快速发展,对作战形态产生了实质性的影响,战争形态已由信息化向初步智能化形态转变。2020年,美军刺杀伊朗领导人苏莱曼尼就利用了基于大数据的人类行为计算模型和无人机作战相结合的模式,诠释了在科幻电影里才能出现的场景,也是向世界宣告智能化战争已经打响。

一、大国竞争将推动智能化技术在保障领域快速发展与应用

历史上,新兴技术引起技术变革与国际战略格局调整重叠在一起时,往往导致战争形态发生改变,这是因为大国为了占据国际战略的主动权和抢占优势地位会不断加速推进军事变革,开发并利用新兴技术来为国家战略服务,并迅速完成体制化历程[38]。以AI技术为核心的智能化技术群出现后,使武器装备逐步摆脱人体生理极限带来的影响,提升了打击速度、打击手段、打击精度[39],对国家军事实力产生重大影响,因而大国之间围绕这一新兴技术群展开激烈争夺。当前,随着中美竞争进入白热化阶段,围绕AI技术,美国的智库就认为中美争夺技术高地就是这一领域,当前重点包括大数据、能够控制数据的算法、足以支撑数据处理的计算能力的先进芯片、能够模仿人脑进行复杂分析的机器学习系统,以及能够处理海量信息传递的5G技术。这些技术不仅应用于作战领

域,推动作战形态由信息化战争向智能化战争转变,在保障领域也加速了由信息化向智能化保障过渡的进程。如在弹药保障领域,人工智能中的算法引入后,由智能化弹药保障信息系统自动计算生成各种保障方案,自动匹配相关资源,智能分配保障任务和保障力量,自适应调节保障行动,将使弹药保障更加精确、时效性更强,能够达到提前感知、精确配送。美军提出改当前"推动式弹药保障"为"拉动式弹药保障",其原理就是建立在精准算法的预计之上,能够快速感知和预计前方需求。总之,美军在与我竞争的过程中,为争当智能化军事革命的先行者,正抓紧开发应用人工智能技术于作战与保障领域。

二、制胜机理与新型作战概念相结合将引发保障机理改变

智能化战争的制胜机理在于"算",主导力量是智力,智力所占权重将超过火力、机动力和信息力[40]。可以看出,当前以及近期的未来,强国军队争夺的重点在算法及支撑技术,通过算法来支撑保障的快速和精确性。当前更值得注意的是智能化制胜机理一旦与新型作战概念相结合,无论在作战还是保障领域都将产生质的变革。美军不断推陈出新地提出如跨域协同、分布式作战的新理念,意味着未来作战将在多域进行,且作战力量呈分布式存在。然而,当前的弹药保障主要在陆上进行,即使是海上舰船间的舰对舰的弹药保障实现难度都很大,又如何适应跨域作战和茫茫大海上的分布式作战?随着人工智能技术的推进,弹药等装备呈小型化的趋势,采取蜂群式战法,这将导致未来作战平台"母舰化",即可将微小型化的弹药装载在任何传统平台大小的作战装备中,正如美国海军所言"一切漂浮皆作战"。未来,以母舰类作战平台运载小微型智能化无人系统在作战地域大量部署,将成为一种基本的武器运用方式[41],也就意味着未来弹药可以从任何作战域的武器系统中发射,弹药保障也将有可能在多个作战域展开。陆上有无人车辆、机器人;水面有无人舰艇、补给艇;水下可利用水下弹药舱预置投放在舰船经过之处,由水下机器人开展由水下到舰的补给作业,也可利用无人潜艇进行弹药补给;进入太空,装载了弹药的空天飞行器将在某个时段把弹药快速投放到指定地域,使弹药保障从陆、海、空扩展到外空,并形成四维物理空间普遍能够保障的新局面。

三、人工智能技术将推动美军弹药保障模式继续转型

从弹药保障模式来看,机械化战争时代,美军通过钢山铁海式的预置及大批量运输弹药到战区,以数量规模形成保障优势;信息化战争,美军通过适时、

适地、适量的预置预储以及靠前配送形成速度效益型的保障优势,保障方式以有人配送为主,在复杂条件下使用无人机定点配送。美军当前的作战保障就是采取以预置预储以及靠前配送为主,但是在阿富汗以及伊拉克等地形条件复杂的地区采用无人机投送弹药物资。未来,随着人工智能技术不断取得突破,智能化战争将成为主要战争模式,无人作战将成为智能化战争的基本形态,弹药的无人化保障将占主导。随着人类在机器学习、脑机结合等技术领域取得突破性进展并推广应用,其结果是未来的弹药保障方式不再仅是预置预储、有人、无人配送等几种,弹药保障将逐步从人在环中操控的无人化保障,过渡到有人、无人结合的人机编组保障,脑机控制无人机群或机器人的保障,最后过渡到人不在环中的机器自主保障,甚至还有可能是大量廉价一次性且具备自主协同能力的无人蜂群系统携带一次性使用弹药进行自杀性进攻,根本不需进行弹药补给。总之,人工智能技术将继续推动弹药保障模式转型,关于未来,有无限种可能,美军正不断探索多种可能,如美国空军正探索蜂群式无网络化、协同化和自主化的弹药使用方式,如果成功,其对保障模式也会产生影响。对于高端战争的竞争对手来说,谁先探索到更有效的方法,谁就能在战争中占有先机。

参考文献

[1] 克劳塞维茨.《战争论》第1卷[M]. 中国人民解放军军事科学院,译. 北京:商务印书馆,1982.

[2] Bevan J. SAS Conventional ammunition in surplus book[M]. Geneva:nbmedia,2008.

[3] 陈德第,李轴,库桂生. 国防经济大辞典[M]. 北京:军事科学出版社,2001.

[4] 韦爱勇,等. 常规弹药[M]. 北京:国防工业出版社,2019.

[5] 军事科学院. 中国人民解放军军语[M]. 北京:军事科学出版社,2011.

[6] 小威廉 G. T. 塔特尔. 21世纪国防后勤学[M]. 后勤指挥学院学术研究部,译. 北京:军事科学出版社,2010.

[7] 王勇,李仁府,胡军. 借鉴美军持续保障理论与实践成果大力加强我军后勤保障能力建设[J]. 军事经济学院学报,2013(3):85-87.

[8] 董鸿宾. 美国军事基本情况[M]. 北京:军事科学出版社,2013.

[9] 陈军生. 军事装备保障学[M]. 北京:国防大学出版社,2018.

[10] 樊胜利,刘铁林,朱永凯. 美军弹药保障模式发展现状及对我军未来影响分析[J]. 装备学院学报,2014(3):46-48.

[11] Kindberg S B. A joint theater sustainment command responsible for the retrograde, redeployment and reinforcement of forces[R]. New Port:Naval War College,2010.

[12] 柏席峰. 美联合弹药司令部推行集中式弹药管理制度[J]. 国外兵器情报,2016(7):55-56.

[13] 布热津斯基. 大棋局——美国的首要地位及其地缘战略[M]. 上海:上海人民出版社,2015.

[14] 赵定海,多久廷,安理,等. 美军需求生成工作的工程化研究[J]. 装甲兵工程学院学报,2010(6):22-25.

[15] 何祖德,王仲春. 美军战略基本样式研究[J]. 外国军事学术,2009(12):56-58.

[16] 中国社会科学院语言研究所词典编辑室. 现代汉语词典[M]. 6版. 北京:商务印书馆,2015.

[17] 周璞芬,王通信. 美国军事后勤革命[M]. 北京:解放军出版社,2007.

[18] 李宏伟,何源,赵宗宇. 基于RFID的弹药集装化保障管理系统设计与实现[J]. 现代电子技术,2013,36(22):60-61,66.

[19] 杨晓光,文利军. 弹药保障要有新思路[J]. 海军装备维修,2012(3):33-34.

[20] 傅孝忠,宣兆龙,戴祥军.弹药保障物流需求与弹药包装功能化[J].物流工程与管理,2008(12):69-71.

[21] 谢关友,李良春,聂文兵,等.托盘集装通用弹药先进性分析[J].物流科技,2009(7):133-135.

[22] 黄强,等.弹药储运包装一体化研究[J].包装工程,2016(1):158-162.

[23] 吕游,安红,侯君毅,等.美军运输投送集装化体系建设综述[J].空军后勤,2018(2):61-62.

[24] 刘勇,陈海涛,等.弹药金属包装材料的腐蚀与防护综述[J].包装工程,2020(9):232-237.

[25] 李志东,郭继坤,牛永界.美军海军航母编队海上后勤补给舰船发展现状及趋势[J].外国军事学术,2017(4):68-71.

[26] 曾友春.美国战略投送力量建设发展剖析[J].教学科研参考,2017(1):30-36.

[27] 邓红洲.略论从机械化战争向信息化战争的演变[J].外国军事学术,2004(12):62-67.

[28] 刘洪坤,尚玉金.美军标准化改革的主要动因及做法[J].装甲兵学术,2017(4):90-91.

[29] 吴明曦.智能化战争——AI畅想曲[M].北京:国防工业出版社,2020.

[30] 袁林.军事数据挖掘与分析技术综述[M].北京:国防工业出版社,2018.

[31] 李春红,刘伟涛.大数据、云计算推动海上联合作战变革[J].海军军事学术,2017(4):25-27.

[32] 韩林,王斌.无人后勤装备发展现状及启示[J].军事纵横,2016(12):46-49.

[33] 李瑞兴.加快推进我军无人智能化保障体系建设[J].中国军事科学,2018(3):60-66.

[34] 岳松堂,刘哲.美国陆军未来作战特点分析[J].现代兵器,2017(12):22-23.

[35] 葛宋.分布式作战概念下美舰队后勤与装备保障建设的几个方向[EB/OL].[2020-07-31].Ishare.ifeng.com/c/s/7yYSYovs9tY.

[36] 于娜,李卓,张丽军.美国陆军感知与响应后勤特点解析[J].陆军学术,2011(2):57.

[37] 军事科学院工程研究院后勤科学与技术研究所.后勤保障领域科技发展报告(2018)[M].北京:国防工业出版社,2019.

[38] 黄松平,肖立军,谢魁斗.军事技术主题结构嬗变与军事技术进步[J].桂林空军学院学报,2012(2):9-12.

[39] 黄毓森.从多维视域透视军事智能化[N].解放军报,2021-3-18(007).

[40] 吴明曦.现代战争正在加速从信息化向智能化时代迈进[J].科技中国,2020(5):9-14.

[41] 庞宏亮.21世纪战争演变与构想:智能化战争[M].上海:上海社会科学出版社,2017.